2011 不求人文化

2009 懶鬼子英日語

I'm 我識出版集團
I'm Publishing Group
www.17buy.com.tw

2005 意識文化

2005 易富文化

2003 我識地球村

2001 我識出版社

2011 不求人文化

2009 懶鬼子英日語

I'm 我識出版集團
I'm Publishing Group
www.17buy.com.tw

2005 意識文化

2005 易富文化

2003 我識地球村

2001 我識出版社

（圖解）

大人的行銷學

Illustartions for Adults' Marketing

高強度、超精準、各界通用
的20行銷法則

　　一直堅持在行銷戰場上的各位朋友們，如果你是已經身經百戰，抵擋過槍林彈雨的資深老前輩，仔細想想：

　　10年前，10年後，你為了在嚴峻的職場叢林存活下來，上了多少堂大師的課？

　　看了多少本書？

　　鑽研了多少個案？

　　背誦了多少位大師名言？

　　見識到有多少位新生代的後起之秀？

　　又聽了多少關於未來將以怎麼樣的形象迎面而來的預言？

　　講到預言，進入的就是茫茫未知的領域，千百萬年前，老祖先們從山洞裡面漸漸學會用樹枝、枯草搭起簡單的住處，也從最原始狩獵，食物來源稱不上穩定的謀生方式，摸索出一套春耕、夏耘、秋收、冬藏的套路，讓肚子飢餓的頻率降低。

　　在進化的過程中，老祖先比起其他猿猴類，腦部發育稍微更成熟了些，懂得除了現實層面的溝通，更懂得幻想，更仰賴預測，有更多的餘裕處理精神層面上的事情。面對喜怒無常的自然變化，人們企圖掌握最終的控制權，每每自以為搭起了得以窺視天機的巴比倫之塔，卻又因其自大傲慢，被意料之外的黑天鵝狠啄一番；其實

天底下沒有什麼不可能發生的事情，「意料之外」反映出的是人類認知的狹隘。

簡單地說，道可道，非常道，無常才是自然界的正常！套用在行銷領域，不同門派各有各自接招出擊的方式，孰優孰劣？

市場以成敗論英雄，任何在業界待久的人都應該知道，萬變不離其宗；行銷老手聽到截拳道創始人李小龍「以無法為有法，以無限為有限」的說法，絕對感慨萬千，李小龍經常說：「當你完全明白搏擊之道時，你便會知道搏擊中是沒有一種『型』或『式』。」初學者還沉浸在該如何擊破石塊或木板之際，李小龍更為關心的是怎樣把武術融入整個思想和生活方式，成熟的習武之人應該能自我達到最深的覺悟，而不是當個傳統模式下的俘虜。

同樣的，行銷人如果還停留在追求花招的階段，那麼 10 年的時間，對他來說只不過是把同樣的事情做了 10 年，一點進步都沒有。

提醒所有對行銷專業知識有興趣，有志於在這行繼續走個 10 年、20 年的夥伴們，多把關注力放在熟練經典之上，經典之所以經典，勝出的關鍵點在於抓到了不論世代如何演變，人類真正重視愛與被關懷的價值永遠不變的法則！

行銷人，快點跟上腳步吧！

師瑞德

作者序 002

Chapter 1
010
向世界級大師學行銷

Chapter 2
082
洞悉人性的行銷術

Chapter 3

想搞好行銷從管理下手

每推銷 9 人就會有 1 人有購買意願。老闆的堅持不懈讓自家產品成功走出台灣，賣到世界各地，也正是931法則的最佳典範。

Chapter 4
200 成功商業定律中的神祕數字

成效比率反映出每向 9 名客戶推銷，其中會有 3 名客戶產生購買意願，而在這 3 名客戶中，一定會有 1 人最後會成交。但如果真的認真拜訪客戶卻未果的話，我們將教你怎麼靠「外在勤奮」和「內在強化」來提高成交率！

觀念｜要想得到客戶的認可，達成良好的業績，必須要有水滴石穿的堅持精神，並懂得運用相應的方法和技巧。

運用｜要想擁有做事堅持到底的精神，就要在「自制力」方面狠下工夫。這種品質表現在意志行動的全過程中，排除來自體內外的干擾，冷靜分析，做出合理決策。

據說每一起重大飛行安全事故的背後，必然有 29 次事故徵兆，而每個徵兆背後，又有 300 多起事故苗頭，以及 1,000 多起事故隱患。原來只要培養對徵兆的敏銳度，你將能化努力為成交找到精準客戶。

觀念｜推銷是一個以數量決定成敗的工作，一次成交來自於 29 位顧客中的一位，而這次成交又來自於對這 29 顧客的 300 次拜訪。

運用｜勤於拜訪顧客，為成交打好基礎，而優秀推銷員都是從尋找「準顧客」開始走向成功之路的。

一個人一生中與其往來的大約是 250 人，每當拿下一位客戶，就代表著背後可能的 250 個商機，無論他們買不買你的產品。顧客不僅可以使你失去許多，也能為你帶來許多。看看領悟此道理的世界推銷大王喬‧吉拉德怎麼做？

觀念｜認真對待身邊的每一個人，因為每個人的身後都有一個相對穩定的、數量不小的群體。

運用｜口碑行銷的關鍵是找到「意見領袖」，他們對新事物接受能力較強，而且社交廣泛。企業只要依據產品市場的具體情況，然後對這些顧客進行「針對性行銷」。

行銷要成功，定位必須清楚。管理專家們把完整的企業定位系統總結為三大定位——市場定位、產品定位和品牌定位，以及兩大基礎——企業文化和企業發展戰略，融合二者變成了「3+2 法則」。原來瑞典家居品牌 IKEA 靠這招在中國市場佔有一席之地。

觀念｜「市場定位」實際上是一種心理效應，並不是你對一件產品本身做些什麼，而是你在潛在消費者的心目中做些什麼。

運用｜想找對市場定位，就要先做市場調查，了解消費動向，發現潛在市場。

Chapter 1
向世界級大師學行銷

行銷法則 01　紫牛理論

2003 年，當代最有影響力的商業思想家之一，賽斯‧高汀提出革命性商品行銷著作《紫牛》。此理論主張：如果要使你的商品在市場上闖出名氣，就該讓它夠顯眼，如同一群黃牛中唯一閃亮的紫牛，只有這樣才會引起消費者的注意與討論。

行銷法則 02　藍海策略

2005 年，歐洲工商管理學院的金偉燦與莫伯尼教授合著的《藍海策略》一書問世以來，一個全新的公司發展模式儼然映入眼簾。他們提出要贏得未來，就是要開創無人能及的「藍海」，也就是要開發蘊含巨大需求的新市場，以走上新的快速成長之路。

行銷法則 03　馬太效應

1960 年代，知名社會學家莫頓首次將「貧者愈貧、富者愈富」的現象歸納為「馬太效應」，其指出要想在某個領域中保持優勢，就必須迅速做大。當你成為該領域的領導者時，即便和同業的投資回報率相同，你也能更輕易地獲得比弱小同行更大的效益。

行銷法則 04　競爭三部曲

1980 年，哈佛大學的商學院教授麥可·波特陸續出版了《競爭策略》、《競爭優勢》、《國家競爭優勢》等書，不僅成為膾炙人口的暢銷書，此三書更構成了被管理學界堪稱經典的「競爭三部曲」，其最重要的意涵在傳達「競爭戰略就是創造差異性」的意念。

行銷法則 05　80／20 法則

1897 年，義大利經濟學家菲爾弗雷多·帕累托在對十九世紀英國社會各階層的財富和收益統計分析時，發現某一個族群占總人口數的百分比，和該族群所享有的總收入或財富之間，有一種微妙的不平衡關係。80／20 成了這種不平衡關係的簡稱，也延伸出「將精力花在最重要的事情上」的行銷之道。

行銷法則
01 紫牛理論
你必須懂得與眾不同，才能贏得行銷先機

觀念｜讓人一看即忘的無趣商品著實太多，要使你的商品闖出名氣，就該讓它在市場上夠顯眼，才會引起消費者的注意與討論。

運用｜敢於與眾不同，將牛養成紫色的「差異化」主張，是個人與企業邁向卓越非凡的第一步。

　　《紫牛》是行銷大師賽斯・高汀（Seth Godin）提出的革命性商品行銷著作。它的原理是：世界上讓人一看即忘的無趣商品太多，就像牧場上到處都是的黃牛一樣；如果要使你的商品闖出名氣，就該讓它夠顯眼，如同一群黃牛中唯一閃亮的紫牛，只有這樣才會引起消費者的注意與討論。無庸置疑的，將黃牛養成紫牛是一種創新。創新正是對舊事物的否定，所以是無法用邏輯進行證明的，因為前面並沒有先例。而正是因為不拘常理地挑戰極限，真正的創新才能夠誕生。

觀念學習

▶ 重拾「車庫法則」的菲奧莉娜

　　才貌雙全的惠普（HP）前任執行長，曾任台積電獨立董監事的卡莉・菲奧莉娜（Carly Fiorina）是再造新惠普的關鍵人物，在她領導惠普期間做了許多重要的變革，並且創造了非常亮眼的成績。其中，一個引人注目的改變是：在惠普舊 LOGO 的下面加了一個詞「Invent」（發明），也就是說，HP 加上「Invent」，這才是「新惠普」。正如菲奧莉娜所言，新惠普人必須重新拾起初創 HP 時的「車庫法則」，而那正是一種敢於打破常規、不拘傳統的創新精神。

▶ 經營模式創新的阿里巴巴

　　當提到創新時，人們首先想到的往往是新產品、新工具、新業務、新項目等，但在管理之父彼得・杜拉克眼中，「創新」還有另

一種面貌，他在《創新與創業精神》一書中說：「創新是領導的特定工具」，具有創新思想的領導人，總善於利用創新改變現實，以作為開創其他不同公司或服務專案的機遇。

「阿里巴巴」（Alibaba.com）是中國大陸知名的電子商務網站。當初如果沒有創新，說不定就沒有阿里巴巴的「芝麻開門」。1999年，在旁人質疑的目光中，馬雲創辦了阿里巴巴電子商務網站，為中小型公司提供線上交易服務，相較於其他電子商務類型網站，阿里巴巴至少有兩點思路上的創新。

首先，它不是簡單模仿美國成熟的電子商務形態，做大中型公司的電子商務，而是為中國90％以上的中小型公司服務；其次，和其他大眾電子商務網站相比，阿里巴巴不是要幫商家省錢，而是要幫商家賺錢，為他們提供商業資訊，獲得新的商業機會。正是這些經營模式的創新，使得阿里巴巴在網路經濟的寒冬中生存下來，並迅速發展壯大，且於2005年順利與中國Yahoo!網站完成策略合併，成為全中國最大的入口網站。

▶ 運用創新突破極限的 SONY

創新能夠使新興的小公司得以成功，但並不只是小公司的專利，即使對位於美國財富500強，且排名前列的世界級大型跨國公司來說，創新也是它們保持領先地位的武器之一。

　　SONY 公司發明的隨身聽曾被譽為是二十世紀最成功的消費發明之一，在取得巨大的市場成功之後，SONY 公司決定繼續進行隨身聽的研究，把隨身聽縮到更小，當時是由 SONY 副總裁高條靜雄負責這項工作。他向研發小組提出的目標是把隨身聽縮小到卡帶盒般大小，面對這艱鉅的研究任務，研究人員做了許多嘗試，但仍然不能達到目標，最後只能無奈地對高條先生說：「隨身聽裡已經沒有空間，再也無法縮小了。」

　　高條先生說：「我知道，如果講道理的話，我是說不過這些研究人員的，我只能採取一種不太講理的方式來說服他們。我問他們，真的一點空間都沒有了嗎？他們說，真的再沒有一點點空間了。於是我拿來一桶水，對他們說，我把隨身聽放到水桶裡，如果沒有氣泡冒出來，說明裡面確實沒有任何空間了；但如果有氣泡出來，就說明隨身聽裡還有空間。當然，結果肯定會有氣泡冒出來，於是這些研究人員只好承認裡面還有空間，不得不再絞盡腦汁地進行技術攻關，最終研製出像卡帶盒一樣大小的隨身聽。」

　　為什麼高條先生堅持要設計出像卡帶盒般大小的隨身聽？原因其實很簡單，因為這樣大小的隨身聽才可以隨手放在上衣口袋，滿足消費者的使用需求。

　　創新就是要突破極限。為了縮小隨身聽的體積，便要想盡一切辦法，即使裡面多餘的空間只有氣泡大小，也要努力擠出來。高條先生用這種方式來逼迫研發人員繼續創新，如同運動員要把人類的

百米短跑紀錄縮短 0.1 秒一樣，同樣都是在挑戰極限。

▸ 研發具前瞻性項目的西門子

西門子公司的研究開發大部分都是具有前瞻性的項目，所有列入公司研究的項目都強調擁有高科技和市場競爭力。例如，電腦指紋識別系統，這是在滑鼠上安裝一個電子眼，它可以準確地鑒別操作者指紋與已輸入指紋資料間的差別，這項技術可廣泛運用於電腦安全系統、銀行自動取款機系統和車輛防盜系統等領域。

另外還有虛擬觸控板技術，這是一塊可以安放在桌面上的平面觸控板，透過上方一束普通光源和攝影鏡頭來追蹤手指移動的方向，操作者的手指在螢幕上移動，就可以控制室內照明、百葉窗、投影機等，實現全智慧化辦公環境。醫生利用這項技術，甚至可以進行遠端醫療手術。凸顯出西門子在開發產品和市場方面具有長遠的發展戰略，而不滿足於眼前的利益，這正是其懂得創新，進而獲得成功的一個重要因素。

進階思考

消費者永遠不可能像企業那樣真正了解產品的技術核心，但是作為消費者，他們所期望的是需求得到滿足，他們的出發點一定是簡單而直接的，對於企業的技術和現實而言，這種要求有時候甚至是「不講理」的。

　　在這個瞬息萬變的三創時代，不管個人或企業都唯有藉著創意、創新和創業，才能在全球化的環境下生存，而創新更是社會發展之源，是公司生存之本。對於領導創造力的培養與管理，也就有著非常的意義存在。有時候，創新也只有採取不講理的方式才可以成功。成本可以壓縮 50％，效率可以提高 100％，這一切讓不可能都變成可能！

企業應用

▶ 「差異化」為王

　　華特‧迪士尼有一句名言：「嘗試一些似乎不可能的事，是一種樂趣。」輕鬆的話語中充滿的是不斷挑戰的勇氣。愈是害怕自己非凡卓越，喜歡安全穩定，就會和大多數人一樣，沒有機會成功。所以找出你與眾不同的地方，並讓這些地方成為無可取代的獲利來源吧！敢於與眾不同，正是企業邁向卓越非凡的第一步，這種將牛養成紫色的「差異化」主張，也是近年來行銷界的主流看法。

　　凡是要做大的公司就必須有自己的品牌效應。公司要開發真正適合市場的好產品，有一個原則可以遵循，那就是：「人無我有，人有我新，人新我好；人棄我予，人取我棄。」

　　所謂的「人無我有」，就是說別人沒有的產品或品種，但我有，我能開發生產。「人有我新」，就是說別人有的產品或品種，我不僅有，而且與他人相比還具有新規格、新花色、新式樣、新功

能等，即具有新穎性、創新性和新特點。「人新我好」，就是說如果別人的產品也新，那我的產品就不僅新，而且品質好，經久耐用、功能齊全、服務周到。總之，一定要使自己的產品形成特色和優勢，以己之長克人之短，這樣才能在行銷層面上先取得成功。

特別是當市場上出現對某種產品的需求，並且別的公司無力開發或無意開發，或對效益估計悲觀不願開發時，如果你有能力開發且有效益，就應積極開發，發揮自己的優勢。只是當許多公司受到同質性產品殺價競爭的影響，而紛紛放棄某種產品的開發和生產，市場又重振且有利可圖時，公司也可東山再起，再次進行該種產品的開發和生產。這就叫「人棄我予」。

反之，當市場上出現對某種產品的需要時，有眼光的公司應看準時機，搶在別人的前面，儘快開發、生產出這種產品，及時投入和占領市場。但當許多公司都競相開發、生產這種產品並投入市場時，在獲利減少到一定程度的情況下，又應及時地放棄這種產品的生產，轉而開發和生產別的產品，或者當一開始就有許多公司開發和生產這種產品時，便不進行這種產品的開發和生產。這就叫「人取我棄」。

總結這句話欲傳達的是：管理者的重要工作之一便是開發具有市場競爭力的商品。商品競爭力強弱、是否切合市場需求，決定了商品 50% 以上的成敗因素。切忌跟著別人的腳步，或消極地跟著市場轉，亦步亦趨，大家都幹我也幹，大家不幹我也不幹，這樣做註

定會失敗。

▶ 開發新產品的有效流程

　　流程一、新產品創意：每種新產品都從創意開始，當然，並非每種創意都會變成產品，我們需要從眾多創意中找出可行的幾個。因此，創意對新產品的發展便有著極其重要的作用。創意可以來自顧客，也可以來自公司內部的管理人員、研究人員或推銷員；此外，也可以來自公司外部的刊物或研究報告，甚至是競爭者。由於創意的來源很多，公司如何分派有限的資金，便是一個相當困難的問題。一般而言，公司評估的標準是「在已知的預算和風險情況下，使收集到的新產品創意會有最大可能的報酬」。

　　流程二、新產品審查：新產品審查的目的是要淘汰那些不可行或可行性較低的創意，使公司的有限資源能專注於若干種成功機會較大的創意，加以發展。通常審查時要考慮的因素有兩個：一個是該創意是否符合公司的目標，另一個是公司的資源是否足以支援該創意發展。

　　在這兩個因素下，我們要考慮的專案根據公司的具體情況會有所不同。例如，有些公司的目標是為了謀求更多的利潤，有些是維持穩定的銷貨，有些則是要創造更佳的商譽。審查新產品創意時，需要就公司所設定的目標來加以評估，以求符合整個公司的政策，而能夠通過這個過程中每一審查階段的新產品創意，就可以開始下一步驟──商業分析。

流程三、新產品的商業分析：這階段的目的是建立一個新產品在某段期間內成本、銷貨量與利潤關係的模式，我們把這種建立模式的過程稱為商業分析。

　　流程四、新產品發展：經過商業分析後所選擇的較佳產品創意構想，必須送到研究開發部門，以取消那些因某種原因使公司不會因其加入產品線而獲得的產品構想。因為新產品構想之間有較大的差異，所以所謂產品發展也不應有嚴格的規定步驟。

▲ 找尋「紫牛」的有效流程

個人實踐

　　創新，是衡量一個人、一家企業是否有核心競爭能力的重要標誌。要提高創新力，個人在執行任何事情的時候，便必須具備以下七大能力：

　　領悟能力：做任何一件事以前，一定要先弄清楚你該怎麼做，然後以此為目標來把握做事的方向。這點很重要，千萬不要一知半解就開始埋頭苦幹，到頭來力沒少出、活沒少幹，但結果是事倍功

半，甚至前功盡棄。要清楚悟透一件事，勝過草率做十件事。

計畫能力：執行任何任務都要制定計畫，把各項任務按照輕、重、緩、急列出計畫表，把眼光放在未來的發展上，放在不斷理清明天、後天、下周、下月，甚至明年的計畫上。在計畫的實施及檢討時，要預先掌握關鍵性問題，不能因瑣碎的工作，而影響應該做的重要工作。要清楚做好 20% 的重要工作，才能創造 80% 的業績。

指揮能力：指揮團體作戰，首先要考量工作分配，要檢測團隊與工作的對應關係，也要考慮指揮的方式，語氣不好或目標不明確，都將是可能降低成效的指揮方式。好的指揮可以激發部屬的意願，而且能夠提升其責任感與使命感。要清楚，指揮的最高藝術，正是團隊中的每個人都能夠自我指揮。

監控能力：監控就是追蹤考核，確保目標達成、計畫落實。雖然談到控制會令人產生不舒服的感覺，然而有些事情若不及時加以監控，就會造成直接與間接的損失。但是監控若操之過急或是力度不足，同樣會產生反作用：監控過嚴會使部屬口服心不服，監控不力則可能發生現場的工作紀律難以維持。

協調能力：任何工作如能照上述所說的要求，制定完善的計畫、再下達適當的命令、採取必要的控制、協調，工作理應順利完成。協調包括內部上下級、部門與部門之間的共識協調，也包括工作與生活之間的利益協調，任何一方協調不好都會影響執行計畫的完成。

授權能力：任何人的能力都是有限的，作為主管便不能像業務員那樣事事親力親為，要明確自己的職責是培養下屬共同成長，給自己機會，更要為下屬的成長創造機會。部屬是自己的一面鏡子，也是延伸自己智力和能力的載體，要賦予下屬責、權、利，下屬才會有做事的責任感和成就感，成就下屬，就是成就自己。

判斷能力：如果你有機會當上主管，判斷能力就顯得非常重要！因為企業經營或行銷領域錯綜複雜，常常需要主管去了解事情的來龍去脈、因果關係，從而找到問題的真正癥結所在，並提出解決方案。培養判斷能力便能洞察先機，未雨綢繆，也才能化危機為轉機，最後變成良機。

行銷小學堂

　　如果想要出類拔萃，就要與眾不同，不然在滾滾紅塵中，你有什麼條件讓焦點鎖定在你身上呢？在初次接觸行銷領域時，我們可能會為了推銷不出自己而煩惱，為生產出來的產品沒有市場而不知所措，總認為自己很努力，但行銷的效果甚微。

　　歸納「紫牛理論」，就是要你懂得去創造與眾不同的方式，不能讓自己混淆在大多數中黯淡無光。你想要當頭與眾不同的行銷「紫牛」嗎？從現在就開始吧！

領悟＋計畫＋指揮＋監控＋協調＋授權＋判斷＝成功行銷

▲ 七力合體組成完美的（紫牛）圓

行銷法則
02 藍海策略
你不應該去競爭,而是要去開發新的市場需求

觀念│要贏得未來,不能靠壓縮利潤、降低品質等手法與對手競爭,而是要開創無人能及的「藍海」。

運用│及時地收集顧客和市場訊息,並有效地對顧客的需求做出回饋,藉由努力開發顧客的需求來進入無競爭領域,就猶如在公司駛入藍海的航程中吹了一股東風。

藍海策略指的是「不去競爭，而是去開發新的市場需求」，自從歐洲工商管理學院的金偉燦（W. Chan Kim）與莫伯尼（Renee Mauborgne）教授合著的《藍海策略》一書問世以來，引起了全世界的熱烈討論，一個全新的公司發展模式儼然映入眼簾。

在傳統的「紅海」領域中，公司為了尋求利潤成長，往往不惜一切手段，例如削價競爭、賠本求售等等，與競爭對手展開你死我活的廝殺競賽，於是一時之間參與者愈來愈多，市場的大餅卻愈分愈小，大大小小的公司在激烈競爭中搶奪日益縮減的利潤，造成的結果就是大家難以生存，分到的利益微乎其微。

面對這種雙輸的慘烈局面，《藍海策略》的作者提出：要贏得未來，公司不能靠壓縮利潤、降低品質等手法與對手競爭，而是要開創無人能及的「藍海」，也就是要開發蘊含巨大需求的新市場，以走上新的快速成長之路。

這種被稱為「價值創新」的戰略行動，能夠為公司和顧客創造價值的飛躍，使公司徹底甩脫難纏的競爭對手，打造一條全新的價值鏈，並激發出顧客新的需求點。由於藍海的開創是基於「價值創新」而不是「技術突破」，是基於對現有市場現實的重新排序和建構，而不是對未來市場的猜想和預測，因此公司就能夠以系統性的、可複製性的方式去尋求它。

觀念學習

▶ 創新傳承的明華園

　　明華園是國內首屈一指的歌仔戲團，多年來在各地演出多檔膾炙人口、受到熱烈歡迎的傳統戲曲。只要有巡迴演出，必定場場爆滿。明華園不僅受到台灣民眾的熱愛，更在全世界的表演藝術中，建立了無可取代的地位。各位可能會覺得好奇，全台灣這麼多歌仔戲團，為什麼只有明華園會是少數幾個打出名號，而且聲勢一直維持不墜的表演團體呢？關鍵就在於明華園採取很多不同於其他劇團的行銷手法，也就是重新定位，採用電影的編導制度，讓每場戲的分鏡清清楚楚，所以劇情緊湊而紮實。同時明華園還大量使用舞台劇元素，重視精采刺激的聲光效果，成功地開拓傳統劇團碰觸不到的年輕族群市場。

▶ 創造需求的拉鍊

　　早期，美國芝加哥一位名叫裘蒂遜的人發明了拉鍊，雖然上市了，卻沒有多少人買它，因此難以形成市場。後來，一位瑞典工程師改進了裘蒂遜的設計，使得拉鍊更加實用，但仍然乏人問津。不過，隨著拉鍊的曝光度愈來愈多，例如當時的英國威爾士親王穿了一條以拉鍊替代鈕扣的褲子、巴黎著名時裝設計師首次在女裝設計中使用尼龍拉鍊、某部好萊塢電影中甚至有一首歌特地唱到拉鍊。逐漸地，拉鍊變得時髦起來，第二次世界大戰期間，拉鍊在歐美開始大規模生產，年產量達到 3 億條以上。

　　回顧拉鍊市場的發跡史，從沒有市場到少數人產生需求，再到大規模生產，我們可以看出，需求是可以被引導的。也就是說，當大家都在「紅海」中殺得昏天黑地的時候，你為何不轉過頭來開發一個新的需求呢？以我們今天許多「第一」必需品市場的存在與發展來看，這些有效需求市場，無不是經過長時間的引導消費。而能夠搶得先機，並堅持下去，成功必定屬於你。

▶ 操作高效益的西南航空

　　1991 到 1992 年間，美國航空業虧損總額高達 80 億美元，有三家大型航空公司破產倒閉。但西南航空卻一枝獨秀，不僅營業收入成長 25%，利潤也超過全美最大的四家航空公司（美國航空、三角航空、聯合航空和西北航空公司）。西南航空成功的祕訣是什麼？其實很簡單，那就是低價戰略！西南航空選擇以低成本作為公司的經營戰略，因為只要品質、安全和服務不是太差，顧客都是喜歡低價格的。同時鎖定客流量大、航程短、成本低、回報高的航線；改變了以交通樞紐輻射的飛行網路，進行中等城市點對點直飛；減少登機的繁文縟節，實行高效率工作，甚至取消了提供給旅客的免費機上餐。正是這些獨特的經營方式，使得西南航空在競爭激烈的航空業開發出一片藍藍的海，所向披靡，戰無不勝。

　　同樣的，民國八十多年在國內航空界引起一陣騷動的瑞聯航空。開航之初，以「一元機票」打響知名度，吸引了大批搭機人潮。雖然最後因為瑞聯母公司經營不善，使得瑞聯航空不得不停飛

所有航線，但是正如集團總裁周啟瑞所說，只有靠出奇制勝，才能在競爭市場上占有一席之地。瑞聯正是以價格領導優勢的藍海策略，在當時成功地達到行銷效果，造就了高載客率。

▶ 新奇體驗的餐廳電影院

階梯形地面，一排排椅子，一個舞臺，加上一道銀幕，一般的電影院可以說千篇一律，實在很不適合追求新奇刺激的現代人需要。1974 年，美國就有兩兄弟在佛羅里達州的一個購物中心租下場地，建造了一間餐廳電影院。讓電影觀眾猶如 PUB 的顧客，能坐在舒服的椅子上吃著三明治，喝著啤酒，同時悠然自得地看電影。這家電影院一掃過去傳統電影院那種沉悶的氣氛，充滿了彷彿在家中與親朋好友相聚的舒適氛圍，果然別出心裁的新型餐廳電影院一出現，蜂擁而至的人們毫不猶豫地將錢送給了它。

進階思考

以「顧客需求」為中心是藍海策略的核心思想，在規劃公司的營運模式時，過去比較重視從公司的內部優勢出發，先考慮自己有什麼長處；或者從競爭對手角度出發，考慮怎樣才能有效的超越他們。但新的營運型態則是鼓勵公司從顧客的需求出發，考慮如何在公司內推廣新的發展模式，以便更好地滿足市場需求。及時地收集顧客和市場訊息，並有效地對顧客的需求做出回饋，就猶如在公司駛入藍海的航程中吹了一股東風。

隨著全球化的進展，市場競爭的日益激烈，企業如果只是單純追求銷售額，那麼由於生產成本和銷售費用愈來愈高，利潤反而會下降。因此，許多公司開始在所有環節上最大限度地削減生產成本和壓縮銷售費用，來實現利潤最大化。但成本不可能被無限制地削減，當公司對利潤的渴求無法或很難再從削減成本中獲得時，就應該將目光由內而外轉向顧客，藉由努力開發顧客的需求來進入無競爭領域。曾任美國通用汽車公司總裁的史隆說過：「有意停止發展就等於窒息。」想要在這個競爭不斷的世界中倖存下來，你必須認識開發需求的重要性。而公司生存和發展的法寶，即是變革，只有成功引導顧客產生新的需求，才能使公司在風險的搏擊中成功地抵達藍海的彼岸。

藍海策略為人們提供了一條通向未來的成功新思路，它要求企業把視線從市場的供給方轉向需求方，從關注競爭對手的作為轉向為買方提供「價值飛躍」。我們可以說，成功的藍海策略具備以下三個特點：

一、**重點突出**：為了在競爭中長期並且有利可圖地生存下去，公司至少必須擁有戰略重點，明確地向公眾宣告自己的產品擁有其他相關產品不可替代的優勢，同時不斷強化自己的這個優勢。每個公司都必須竭盡全力地在顧客需求的重要標準方面取得很好的成績，而在達到不太重要的標準方面，一般的成績則是可以被接受的，因為在不太重要的標準方面做出太好的成績，不見得會得到太多顧客的回報，所以我們建議把人力和財力集中在重要的標準上。

二、另闢蹊徑：在現代商場的經營大戰中，但凡善於出奇制勝的贏家都不是拘泥常規的人。所以，他們往往能夠在異常複雜的市場競爭中，抓住那些最關鍵、最本質之處，來考慮自己的戰略；即使處於進退維谷之際，依然能夠發揮創新思維，從一個可能點出發，進行跳躍式或不規則的思維，一下衝破常規，定出奇謀妙計，從而走出困境。「新」、「奇」容易成為人們的興奮點，因此也經常被有頭腦的人作為獲取財富的切入點。如果能做到既「新」、「奇」，又確實更進步、更高明，對於行銷人員來說，無疑便是擁有了一個最有效率的行銷利器。新生事物的潛在價值，在於善於發掘和利用。再好的行銷利器，如果不能發動和運轉，它的價值最多也只是供人觀賞而已。

三、定位明確：如果消費者心目中對該產品的市場定位不明確，或者說公司的行銷主題無法令顧客信服，只是為創新而創新，那便是以公司內部需求為導向，忽視了顧客需求，所以存活機率自然下降。當市場行銷環境發生重大變化，或者顧客需求發生顯著變化時，公司需調整自己原來的市場定位和產品形象，進行重新定位。重新定位的道理其實很簡單，首先要搞清楚：「你要對誰說話」。然後再「告訴他你是誰」！正如美國現代廣告大師喬治・路易斯（George Louis）所說：「定位的道理很簡單，就像上廁所前一定要把拉鍊拉開一樣。」重點就在目標要明確。另外，當眾多或較強的競爭對手定位於自身產品及形象周圍時，為了發動進攻，更需要讓消費者理解自己產品的內涵。

企業應用

　　藍海策略共提出六項原則，包括四項策略制定原則和兩項策略執行原則。其中四項策略制定原則為：重建市場邊界、注重全局而非單位、超越現有需求、遵循合理的戰略順序。

▶ 一、重建市場邊界

　　從下表中，紅海與藍海的不同策略，可以看出使用六條路徑重建市場邊界的突破方式。

路徑 1 產業	紅海思維	人云亦云為產業定界，並一心成為其中最優。
	藍海策略	一家公司不僅與自身產業對手競爭，也與其他產品或服務的對手競爭。
路徑 2 戰略集團	紅海思維	受制廣為接受的戰略集團概念，並努力在集團中技壓群雄。
	藍海策略	突破狹窄視野，搞清楚什麼因素決定顧客選擇，例如高級品和一般消費品的選擇。
路徑 3 買方群體	紅海思維	只關注單一買方，不關注最終用戶。
	藍海策略	買方是由購買者、使用者和施加影響者共同組成的買方鏈。
路徑 4 產品或服務範圍	紅海思維	雷同方式為產品服務的範圍定界。
	藍海策略	從互補性產品或服務中發掘新的需求，最簡單的方法是分析顧客在使用產品的前、中、後有哪些需要。

路徑 5 功能情感導向	紅海思維	接受現有產業固化的功能情感導向。
	藍海策略	公司挑戰現有功能與情感導向能發現新空間，跨越針對賣方的產業功能與情感導向。
路徑 6 時間	紅海思維	制定戰略只關注現階段的競爭威脅。
	藍海策略	從商業角度洞悉技術與政策潮流，如何改變顧客獲取的價值，如何影響商業模式。

▲ 突破紅海思維的 6 條路徑

▶ 二、注重全局而非單位

藍海策略建議企業要繪製「戰略布局圖」，這樣便可以將公司在市場中目前的情況和未來的策略定位，以視覺形式清晰地表現出來，分為以下四個步驟。

步驟 1 視覺喚醒 畫出市場即時戰況，看看哪些策略需要改變。

步驟 2 視覺探索 實地考察需要改變的元素和為其替換元素的優劣。

▲ 繪製戰略布局圖的 4 個步驟

 **視覺戰略
展覽會**
畫出新的公司
策略圖,不斷
聽取各方意
見,回饋並修
改。

視覺溝通
將新舊兩張策
略圖印於同
一張紙上發給
員工,讓大
家了解並支持
新戰略。

▶ 三、超越現有需求

　　重視潛在顧客，對於公司在營運、財力、管理、品質上都有很大的影響。在市場競爭法則下，公司每年都會喪失若干舊顧客，若不採取計畫性的拓展，開發新顧客，其發展勢必十分吃力。因此，公司不應只把視線集中於顧客，還需要關注非顧客。也就是說，要將非顧客置於顧客之前，將共同點置於差異點之前，將合併細分市場置於多層次細分市場之前。

▶ 四、遵循合理的策略順序

　　遵循合理的策略順序，建立強勁的商業模式，確保將藍海創意變為策略執行，便能從而獲得藍海利潤。合理的策略順序可以分為買方效用、價格、成本和接受等四個步驟。（如右圖）

▶ 五、克服關鍵組織障礙

　　專業經理人們證明執行藍海策略的挑戰是嚴峻的，他們會面臨到四重障礙：一是認知障礙，沉迷於現狀的組織；二是有限的資源，執行策略需要大量資源；三是動力障礙，缺乏有幹勁的員工；四是組織政治障礙，來自強大既得利益者的反對。所以唯有克服這些障礙，企業才有可能駛向那片藍海。

買方效用

「購買、陪送、使用、補充、維護、處置」是測試買方體驗週期的六個階段，而「顧客、生產率、簡單性、方便性、風險性、趣味和形象、環保型」是評估前述六個階段的六個效用槓桿指標。

價格

列出他擇性產品或服務，找出「大眾價格走廊」，在價格走廊內考慮法律、資源保護、模仿程度，確定價格走廊的上中下三段定價。

成本

簡化營運、尋找合作夥伴和改變產業定價模式。

接受

教育員工、商業夥伴和廣大公眾，開誠布公地討論為什麼採用藍海創意是必要的。

▲ 商業策略評估的 4 個步驟

▶ 六、將策略執行建構成策略的一部分

　　企業在執行藍海策略時，來自基層員工的執行力非常重要。為了激發他們的戰鬥力，必須創造出一種充滿信任和忠誠感的文化氛圍。賦予員工高度的信任，員工才會沒有顧慮，放開手腳來工作，並表現出高度的工作熱情，這是激勵其全力工作的有效手段。要想擁有這種文化氣氛，公司便要借助「公平過程」來制定和執行策略。

因素	效果
邀請參與	表現公司對他們的尊重。
解釋原委	讓所有人了解新策略的制定原因和過程，員工只有理解了才會更有效執行。
明確期望	清晰地講述新的遊戲規則，讓員工明確新的目標。

▲ 新策略公平化過程的 3 個因素

個人實踐

　　藍海策略就像人一樣有身體的各個部分，領導決策就是它的頭腦，軀幹是價值創新也是核心，四肢則是如何動員你的各級員工，為公司未來執行這樣一個遠大的策略而努力。就像完整的人一樣，不可能缺胳膊斷腿，也不可能缺腦袋，一切要形成整體才能組成藍海策略的整體。藍海策略並不是一個孤立個體的部分策略，而是要從整體上來看的策略。

◄◄ 接受你的缺點

◄◄ 勇敢去敲老闆的門

◄◄ 做真實的自己

◄◄ 要勇敢嘗試

◄◄ 擁有五力

▲ 創造個人藍海的 5 個要件

　　然而「藍海戰略」只是企業的事情嗎？當然不是，正如宏碁創辦人施振榮曾經說過「Me too」，對個人來說，如何在芸芸眾生當中，打造自己不一樣的創新價值也非常重要。上述的論點我們只要稍微轉個彎，便同樣適合運用在個人生涯的規劃與職涯的打造，簡言之，如果你想要在生活中開創自己的藍海，建議有幾個方法：

◆ **接受你的缺點**：沒有人生而完美，不論貧窮、殘障還是其他缺點，都有可以克服或帶來不同想法之處，珍惜你所有，然後發揚光大。

◆ **勇敢去敲老闆的門**：這是一種職場態度，要有積極的進攻心態，問老闆也問自己：「我怎麼樣才能成為你？」

◆ **要做真實的自己**：每個人都有兩個「自己」，一個是你自己認識的「自己」，一個是別人看到的「自己」，唯有拒絕活在別人的

眼光裡才能走出創新的道路。

◆ **要勇敢嘗試**：嘗試變經驗，經驗變智慧，這是一個良性循環。

◆ **擁有五力**：擁有學習力、管理力、核心專業能力、執行力和成長力，便能打好創新的基礎。

行銷小學堂

　　藍海策略並不是說要第一個創造什麼，而是有關如何獲利、如何賺錢，我們不要執著於誰是第一個發明的，而是要看到誰能最後賺錢獲利。現有的大企業其實也可以創建藍海，我們知道原來所有的老舊企業在商業分析方面，都用了錯誤的分析單位，也就是用公司、用企業、用產業作為分析單位，我們知道實際上企業是有興有衰，產業也是如此的。那麼產業也並不是涇渭分明的，分為有吸引力產業，或者沒有吸引力產業，如果你有好的策略，那麼即使是衰落的企業也能扭轉乾坤，同樣在好的企業中，如果做得不好照樣也會失敗。

自我練習

以自身產業過往的新進入者或替代品，從中分析其對自家產品 / 服務產生的威脅，站在買方立場找出「價值飛躍」，便有機會為今年度創造出藍海策略。

行銷法則
03 馬太效應
要想保持行銷優勢，你就必須迅速做大

觀念｜當成為某領域的領導者時，即便投資回報率相同，你能更輕易地獲得比弱小同行更大的效益。

運用｜企業經營應將資源重新分配方式當作一種原則，大幅刪減績效不良的部門資源，對有前景的部門給予更多的資源，強化本身優勢，整體的績效將會更好。

最早提出「馬太效應」一說的是著名社會學家羅伯特‧莫頓。而這法則簡直就是為激烈市場競爭中的現代企業管理者量身訂作，對於企業的經營發展而言，馬太效應告訴我們，要想在某個領域中保持優勢，就必須在此領域迅速做大。

當你成為某個領域的領導者時，即便投資報酬率相同，你也能更輕易地獲得比弱小同行更大的效益。當然，若是你沒有實力迅速在某個領域做大，就要不停地尋找新的發展領域，這樣才能保證獲得較好的回報。這個時代就是一個講究贏家通吃的時代，這既是殘酷的競爭法則，又是必然的優勝劣汰規律。

觀念學習

▶ 聖經馬太福音的寓言

聖經馬太福音中，有一篇這樣的寓言：一位主人將要遠行到國外，臨走之前，他將僕人們聚集在一起，把財產委託給他們保管。主人根據每個人的才幹，給了第一位僕人 5 個塔倫特〔**指古羅馬貨幣單位**〕，給第二位僕人 2 個塔倫特，給第三位僕人 1 個塔倫特。拿到 5 個塔倫特的僕人把它用於經商，並且賺到了 5 個塔倫特。同樣，拿到 2 個塔倫特的僕人也賺到了 2 個塔倫特。但是拿到 1 個塔倫特的僕人卻把主人的錢埋到土裡，什麼事情都沒有做。

過了很長一段時間，主人終於回來了，主人召僕人們過來，了解他們財產的情形。拿到 5 個塔倫特的僕人，帶著另外 5 個塔倫特

來到主人面前，說：「主人，您交給我 5 個塔倫特，請看，我又賺了 5 個。」「做得好！你是一個對很多事情充滿自信的人，我將會讓你掌管更多的事情，現在就去享受你的土地吧！」主人勉勵這位僕人。

同樣，拿到 2 個塔倫特的僕人，帶著另外 2 個塔倫特來了，他說：「主人，您交給我 2 個塔倫特，請看，我又賺了 2 個。」主人說：「做得好！你是一個對一些事情充滿自信的人，我會讓你掌管很多事情，現在就去享受你的土地吧！」

最後，拿到 1 個塔倫特的僕人來了，他說：「主人，我知道您想成為一個強人，收穫沒有播種的土地，我很害怕把塔倫特弄丟，於是就把錢埋在了地下，看那裡，那兒埋著您的錢。」主人斥責他說：「又懶又缺德的人，你既然知道我想收穫沒有播種的土地，那麼你就應該把錢存在銀行家那裡，好在我回來時能連本帶利的還給我。」

然後他轉身對其他僕人說：「奪下他的 1 個塔倫特，交給那個賺了 5 個塔倫特的人。」「可是他已經擁有 10 個塔倫特了。」其他人回應主人。主人卻回答：「凡是有的，還要給他，使他富足；但凡沒有的，連他所有的，也要奪去。」

二十世紀六〇年代，知名社會學家莫頓首次將這種「貧者愈貧、富者愈富」的現象歸納為「馬太效應」。任何個體、群體或地區，一旦在某一方面（如金錢、名譽、地位等）獲得成功和進步，

產生優勢，就有更多的機會取得更大的成功和進步。

馬太效應無處不在、無時不有，無論在生物演化、個人發展，還是國家、企業間的競爭中，它都普遍存在。馬太效應揭示了「不斷增長個人和企業資源」的需求原理，是影響個人事業成功和企業發展的一個十分重要的法則。

▶ 軟體清道夫——王嘉廉

企業間的競爭與生死猶如一個自然的生態現象，在生態系統中有掠食者，就有被掠者，也有以掠食者遺留下殘食為生的清道夫。如果我們把產業當作一個生態系統，兩家相互競爭的企業如同兩獸相爭，勝利者當然是掠食者，而失敗者就是被掠者，此時當然也會有隔山觀虎鬥的清道夫，當失敗者倒下來時，便是清道夫上場的時候了。華商王嘉廉，就有「軟體清道夫」的封號。

王嘉廉，出生上海，很小的時候就隨家人到紐約謀生。在短短十幾年時間內，王嘉廉從一個貧寒的移民變成身價百億的著名企業家，是什麼使他成功的？那即是熟練運用贏家通吃的競爭規律，從他人激烈的競爭中獲取利益，並不斷購併弱者，擠壓利潤。

舉例來說，在大型主機逐漸被個人電腦取代的過程中，許多公司的資訊系統無法在短時間內轉換成個人電腦系統，因此這些公司仍然需要大型主機的維修。然而，原本提供大型主機服務的公司由於業務萎縮，有生存的危機。

王嘉廉的組合國際電腦股份有限公司就在這樣的時機下，購併這家公司，繼續提供原有客戶必要的服務。組合國際因為有足夠的規模與管理人力，並不需要被購併公司行政管理類的間接員工，因而可以對被購併的公司進行大量裁員，進而擠壓出足夠的利潤。

簡單地說，當一個坐山觀虎鬥的清道夫，就是先不介入激烈的產業競爭，等到產業中的企業「兩虎相爭必有一傷」時，再用足夠便宜的價錢，收購正在衰退的企業，加以重整。只要購併的成本夠便宜，自然就有利可圖。

進階思考

社會心理學家認為，「馬太效應」是個既有消極作用又有積極作用的社會心理現象。其消極作用是：名人與未出名者做出同樣的成績，但是名人的成績比較容易受到注目，前者往往受上級表揚、記者採訪，求教者和訪問者接踵而至，各種桂冠也一頂接一頂地飄來，結果往往使其中一些人因沒有清醒的自我認識和沒有理智態度而居功自傲，最後在人生的道路上跌跤；而後者則無人問津，甚至還會遭受非難和妒忌。

其積極作用：一是可以防止社會過早地承認那些還不成熟的成果，或過早地接受貌似正確的成果；二是馬太效應所產生的「榮譽追加」和「榮譽終身」等現象，對無名者有巨大的吸引力，促使無名者去奮鬥，而這種奮鬥又必須有明顯超越名人過去的成果才能獲

得嚮往的榮譽。

企業應用

無論是生物演化或是企業的競爭，都普遍存在著馬太效應，贏家與輸家之間，剛開始的差異也許不大，但隨著局勢轉變，資源慢慢重新分配，最後演變成為「贏家通吃」的結果。針對日益激烈的市場競爭，馬太效應反映出企業在資源的分配上得做出最佳的配置。

舉例來說，假設一家企業有好幾個事業部，在企業資源的分配上大多會挪用績效良好之事業部門的一些資源，補貼績效不好的事業部門；但依據馬太效應，企業其實應該大幅刪減那些績效不良、沒有前途的部門資源，對於那些績效良好或有前景的部門，則應該給予更多的資源。如此一來，企業可以更強化其本來的優勢，而整體的績效將會更好。也就是說，企業經營應該將資源重新分配方式當作一種原則，嚴格執行。

另外，馬太效應也提醒企業家，要時時刻刻都兢兢業業，不可有絲毫輕忽懈怠，因為若是不小心被其他同行超前，就很可能發生「贏者全贏，輸者全輸」的現象，而全盤失去該事業的利基，永無翻身的機會。如果人們不能正確對待馬太效應帶來的勝利，一味陶醉於鮮花、掌聲和榮譽的包圍之中，極有可能從此停滯不前，甚至付出沉重的代價。

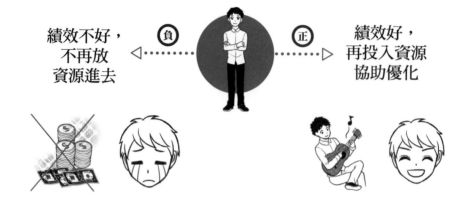

績效不好，不再放資源進去　負　正　績效好，再投入資源協助優化

　　企業最大的危機就是發現不了危機，或者視危機於不顧，強者愈強的馬太效應很容易讓管理者在眼前的勝利中迷失方向。事實上，愈是取得勝利的企業愈應該不斷求創新、求進步，要精益求精，跟上時代潮流，才不至於從勝利的雲端跌到被淘汰的命運。

　　馬太效應告訴企業管理者們：勝利會增加企業的資源，增加再次獲勝的可能。換言之，企業應該追求那些可以持續為我們帶來附加價值的勝利。這個原則要求我們不僅要獲勝，而且要以正確的方式和手段獲勝。

　　一個真正了解馬太效應的管理者絕不會輕視任何可能的隱患，為了企業的長遠利益，他可能放棄眼前的小利，他深知所有的事物都有其內在聯繫，他懂得一次戰鬥不如一場戰爭重要，而這種著眼長遠、深重大局的品質也是企業管理者和企業擺脫「馬太負效應」的重要條件。

個人實踐

　　馬太效應在 M 型社會中，想要向上提升，避免向下沉淪，慘遭贏家通吃的下場，最好的辦法就是「增加個人競爭力」。每個人都會面臨嚴酷的職場競爭力大考驗，企業在員工淘汰上也不再留情，新人的陣亡率不斷攀高，作為一個職場新人你該怎麼做呢？我們可以概分為「Hard Skill」、「Soft Skill」兩大面向來努力。

▶ Hard Skill

　　簡單來說，一個人沒有專長很難成功，但除了專業技能之外，成功還需要很多配合條件，這些條件就是你的競爭力。下列幾項「Hard Skill」競爭力，為每一位在職場打拼的勇士都應該具備的。

一、學歷

　　所謂學歷，包括學校、科系、學位，若本身學歷不好，一個補救方法是出國留學或報考國內碩士班，用最高學歷彌補先前較差的學歷，尤其現在國內研究院所廣開大門，想要拿個好學校熱門科系的碩士學位，各種管道多元暢通。

　　另一個方法是選擇學歷門檻較寬的工作，例如部分服務業、成熟期的科技公司，由於在人才競爭上處於劣勢，對學歷也不敢要求太高，不妨先在這類工作累積一定的資歷，因為「資歷」要比「學歷」更管用。

二、證照

除了法律、會計、醫療等行業必須具備相關證照才能執業，目前包括金融業、資訊業、房地產業、美容業、餐飲業、健身業等等，各行各業也都逐漸走向證照化，如果你的學歷條件較差，專業證照便可彌補學歷的不足。

三、專業技能

在校期間所培養的專業，只是你踏上專業之路的第一步，因為許多行業所特有的專業技能，學校無法提供，只能在工作實踐中學習。所以在最初的學徒期，薪水待遇是其次，學習機會更為最重要，要把工作當成學校的延伸，把主管和資深同事當成良師，像海綿般虛心學習，專業技術的馬步才紮得穩。過去所謂「一技之長」，現在成了「一技之短」，因為單一技能的人才過剩，如果能跨領域培養多重專長，將可拉開你的領先距離。

四、聽說讀寫算

在日本，教導上班族如何培養作文力、語學力、算術力等的書籍，總是大行其道；而傳授上班族「得體的話術」，以及教你使用敬語和電話行銷的書籍，也成為書店的暢銷書。甚至搭地鐵時，會看到不少上班族埋頭在讀一些類似兒童智力測驗的圖冊，據說這有助於大腦活性化，可提升邏輯思考力與數位運算力。

聽說讀寫算，是每個人從小被培養的基礎能力，從生活到工作都離不開這五種能力，但新生代在這方面卻有退化的現象。愈來愈

多主管抱怨新進員工的電子郵件詞不達意、不知所云；行銷主管也發現年輕一代雖然創意十足，但連像樣的文案都寫不出來。此外，做事情無厘頭沒有邏輯，談吐應對粗俗無禮，也讓主管為之傻眼。

除了傳統的聽說讀寫算，辦公室文書軟體的運用，也成為新的基礎能力要求，很多企業以為新生代是電腦時代，徵才條件通常不會注明要熟悉辦公軟體，等到錄用後才發現不懂 PowerPoint、Excel 的新人，竟然為數還不少，有人甚至連運用 Word 繪製簡單的圖表都不會。總之，文字表達能力、溝通表達能力、外語能力、數位能力、邏輯思考力、辦公室文書軟體運用能力，是你不可小看的職場基礎能力。

▶ Soft Skill

除了專業技能的「Hard Skill」之外，「Soft Skill」也是不可或缺。不論你是工程師或業務員，任何工作都需要做報告的能力，要懂得如何進行一場會議，要會做基本的企劃提案，在工作上要能創新思考，遇到問題要有分析解決的能力，對內外部客戶要掌握服務的技巧、具備良好的說服力，可從以下五個技術能力加強。

一、性格特質

「性格決定命運」這句話用在新人求職上，是再貼切不過了，很多企業主領教過草莓族的不能吃苦耐勞、抗壓性與挫折忍受度低、缺乏小組合作精神、忠誠度與責任感低、追求卓越的成就動機不足，因此在新人的篩選上，更加重視性格特質，並且採取「3Q

Very Much」的準則，也就是說 IQ（智商＝專業技能）、EQ（情緒商數）、AQ（抗壓性）三者並重。

而從性格測驗、社團活動紀錄、面試表現，都不難看出性格的端倪。像是科技業用人，基本上是技術掛帥，但在產品研發過程中，經常要不眠不休完成使命，因此工程師的毅力與抗壓性很重要。在服務業，性格特質更決定了服務品質，多數服務業都希望員工具備細膩敏銳的同理心、陽光般的熱情開朗與親和力，以及不耐其煩的溝通協調能力。

二、歷練

跨國公司栽培高級人才，最重要的方法就是「輪調」，讓你在不同部門與國家之間培養閱歷。歷練的多寡，決定你究竟可成大器，還是一顆小螺絲釘，對社會新人來說，包括社團活動、打工實習、校內外比賽、海外遊學、專案研究，都是有用的歷練。而對職場新手來說，對於上司交辦的高難度陌生任務，不可視為畏途，反而應該積極爭取參與各種專案，以及外派出差的機會，讓自己擁有多元的職場歷練。

三、人脈

人脈，往往會在你意想不到的時候，提供你未曾預料到的一臂之力。但是貴人不會無端從天上掉下來，平時勤於耕耘極為重要，而且眼光不要看高不看低。人脈是一種相互牽成的共榮關係，在你利用別人前，要先創造自己的可利用價值，一定先有付出才有

回報。此外，人際關係學的另一門功課，在於建立 360 度的圓融關係，包括面對同事、主管、部屬、客戶，就算不是朋友，至少不要樹敵，捲入複雜的辦公室政治中。

四、形象管理

除了研發工程師每天面對機器外，諸如業務、行政、法務、公關、教育訓練……，絕大部分的職務都是屬於人對人的工作，因此個人形象管理格外重要。人們對你的印象大多來自你的外型與舉止，只有少部分取決於你說了什麼；就算專業也要靠形象來包裝，形象攸關專業說服力。即使各行業所要的形象不同，但品味是共通的原則。

五、情報資訊力

進入知識快速折舊的年代，在校期間所學的東西，如果沒有與時俱進，很快就跟不上時代。但是徒有持續學習的上進心還不夠，更要懂得如何快速有效地在浩如煙海的資訊海中淘金，掌握最新的關鍵情報。現在是速度決定勝敗，誰的情報力比較快，誰就掌握贏的先機。因此，不論企業或個人，如今都把情報搜集列為絕對必要的工作技能。

不同的職業生涯階段，競爭力的側重點不同。那麼在每個生涯階段，都應該建立一張競爭力清單，弄清每個階段的重點，發揮強項，補充弱項，才能在人生旅程中走得穩穩當當。

▲ 現代人應具備的職場競爭力

行銷小學堂

　　在資源分配上，「馬太福音」所預言的「貧者愈貧，富者愈富」現象，可說是無處不在，無論是在生物演化、個人發展或國家間、企業間的競爭，甚至市場交易賽局中，馬太效應都普遍存在。馬太效應在某種程度上，把世界的標準簡單的二分化了，在此效應充斥的世界中，你不是個勝利者，就是個失敗者。勝利者將享有很多資源：金錢、榮譽以及更多的成功，它還意味著：贏家只能是少數人，在這個時代做一個隨波逐流者已經不再安全了。曾有人說過，在金融市場中，真正成功的人不到 10%，但是那少於 10% 的人掌握了全世界金融 90% 的資金，或者說 10% 的人賺走了市場 90% 的錢。這是這個市場迷人之處，少數人可以賺到大多數人的錢（Winner Take all）：只要你方法對。這就是交易世界的真相。不管你交易什麼都相似，股票、房地產，甚至做生意。優秀的人，成功的人只占 10% 至 20% 左右，這 10% 至 20% 賺了或掌握了所參與市場的 80% 至 90% 的財富或資源。

　　要當成功的行銷人，必須要先認清這個事實，這是個講實力的大叢林，唯有強者、適者能生存，若認清這個事實，而且願意接受這種嚴酷的挑戰則留下來，不然就早早打退堂鼓，回去過平淡安逸的生活，當那 80% 的人其實也沒什麼不好。許多行銷人由於無法認清這個事實，不懂如何透過痛苦的學習以強化自己，只有一輩子庸庸碌碌當個輸家。永遠執迷不悟，在輸家迷宮中如白老鼠般永遠繞不出來，找不到出口，找不到贏的方案。只有認清馬太效應背後的真相，強化自我，改正錯誤的交易習慣，你才能站上行銷贏家的獎台。

行銷法則
04 競爭三部曲
行銷的最高指導原則——創造差異性

觀念｜競爭三部曲，其最重要的意涵在傳達「競爭戰略就是創造差異性」的意念。

運用｜企業戰略應以整個企業為研究物件，由最高管理者負責，需要全過程的完善管理能力，將其作為一種專業活動看待。

　　以「競爭策略」研究聞名的麥可‧波特（Michael E.Porter），出生於 1947 年，26 歲即任教於哈佛商學院，成為該學院有史以來最年輕的教授。波特專精於競爭策略，將「產業經濟學」與「企業管理學」融會於一爐，開創「優勢競爭」理論基礎，自 1980 年起陸續出版了《競爭策略》、《競爭優勢》、《國家競爭優勢》等書，不僅成為膾炙人口的暢銷書，此三書更構成了被管理學界堪稱經典的「競爭三部曲」，其最重要的意涵在傳達「競爭戰略就是創造差異性」的意念，波特並提及相當重要的「競爭優勢的四個要素」與「產業競爭的五力分析」。

▶ 競爭優勢的四個要素

　　波特認為，決定一個國家的某種產業競爭力有以下四個因素，而在四大要素之外還存在兩大變數：政府與機會。機會是無法控制的，政府政策的影響是不可漠視的。

　　他強調此四個要素具有雙向作用，故形成鑽石體系。（如下頁圖）

一、生產要素
包括人力資源、天然資源、知識資源、資本資源、基礎設施。

二、需求條件
主要是本國市場的需求。

三、相關產業和支援產業的表現
這些產業和相關上游產業是否有國際競爭力。

四、企業的戰略、結構、競爭對手的表現

　　創造與持續產業競爭優勢的最大關聯因素是國內市場強有力的
競爭對手。波特認為，在國際競爭中，成功的產業必然先經過國
內市場的搏鬥，迫使其進行改進和創新，海外市場則是競爭力的延
伸。而在政府的保護和補貼下，放眼國內沒有競爭對手的「超級明
星企業」，通常並不具有國際競爭能力。

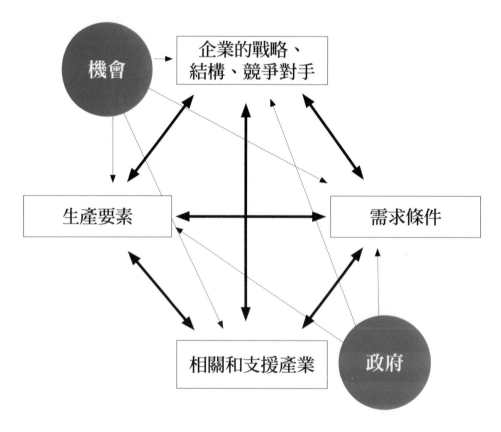

▲ 波特鑽石理論模型

▶ 產業競爭的五力分析

一、新進入者威脅

新競爭者的加入必然會打破原有的市場平衡，引發現有競爭者的競爭反應，也就不可避免地需要調入新的資源用於競爭，因此使收益降低。

二、替代品的威脅

市場上可替代你的產品和服務的存在，意味著你的產品和服務的價格將會受到限制。

三、買方的討價還價能力

如果買方擁有討價還價能力，他們一定會利用它，勢必減少你的利潤，其結果是影響收益率。

四、供方的討價還價能力

與買方相反，供方會設法提高價格，其結果同樣會影響你的收益率。

五、現有競爭者的競爭能力

競爭會導致對市場行銷、研究與開發的投入或降價，結果同樣會減少你的利潤。

觀念學習

▶ 耐吉與愛迪達的比拼

耐吉與愛迪達是兩家國際知名的運動品牌，在許多重要的國際運動比賽場合，都可以看到他們的企業識別標誌，這代表了耐吉與愛迪達相當重視業務的拓展，以市占率來說，耐吉居於領先地位，愛迪達則扮演挑戰者的角色。他們兩家廠商的競合，我們可以透過兩個問題來進行波特的理論分析。

問題 1：愛迪達要如何挑戰領導者？

愛迪達研發方面的能力相當不錯，如果在行銷策略方面加強以顧客為導向的話，勝算就更大，面對耐吉的強勢壓境，愛迪達決定主動出發，進行市場區隔。來自德國的愛迪達決定招納了解美國市場的人才，設計更在地風格的產品，著重於設計全系列的運動服、帽子、圍巾和手提包，來與他們的運動鞋配套。在廣告方面，愛迪達強調出個性化的定位。

問題 2：耐吉如何維護統治地位？

面對愛迪達的強勢進攻，耐吉深化經營在已有高度的消費者忠誠、品牌意識和龐大的市場分額基礎上。不斷開發新產品的同時，保持他們的品質標準，實施有效的行銷方案以回應市場的變化。另外，依靠已有的品牌聲譽和市場規模，耐吉在獲取資源和消費者方面，顯然比競爭對手有太多的優勢。

還有就是耐吉的獨特能力，很多時候都包涵著一些只可意會不可言傳的隱性知識，很難為外人所理解。這些東西是它獨特的企業歷史積累下來的，而且根植於複雜的社會變遷過程之中。總之，作為市場領導者的耐吉必須避免平庸、保持創新，這樣才能永遠屹立在競爭的巔峰。

進階思考

波特長期從事產業組織理論與競爭戰略的研究，致力於在經濟理論與企業實踐間架設橋樑，其所完成的競爭三部曲既存在著相互聯繫，又各自包含有獨立的主題，但在本質上所反映的都是一種基於經濟學比較靜態研究的假設與思路。他認為，戰略以整個企業為研究物件，應由最高管理者負責，需要全過程管理能力，可以作為一種專業活動看待。

企業的使命目標可以獨立於戰略形成及實施而存在，戰略制定可以利用企業內部的優勢和弱點，與企業外部的機會與威脅分析工具，透過內外環境要素的匹配尋求戰略出路。在戰略方案形成後，再根據一系列標準進行方案優劣評價選擇，從中確定最終付諸實施的戰略。

所以，「戰略形成與實施」作為戰略管理整個過程的兩個不同階段，可以相互獨立運作，經過有序分解之後，再交給企業相關部門和人員去完成。

企業應用

「競爭三部曲」中的波特五力分析屬於外部環境分析中的微觀環境分析，主要用來分析本行業的企業競爭格局，以及本行業與其他行業之間的關係。根據波特的觀點，一個行業中的競爭不止是在原有競爭對手中進行，而是存在著五種基本的競爭力量，也就是前文曾提及的：潛在的行業新進入者、替代品的競爭、買方討價還價的能力、供應商討價還價的能力以及現有競爭者之間的競爭。

這五種基本競爭力量的狀況及綜合強度，影響著行業的競爭激烈程度，從而牽動著行業中最終的獲利潛力與資本向本行業的流向程度，這一切最終決定著企業保持高收益的能力與否。下面一一簡要說明。

▶ 一、潛在的行業新進入者

潛在的行業新進入者是行業競爭的一種重要力量，這些新進入者大都擁有新的生產能力和某些必需的資源，期待能建立有利的市場地位。新進入者加入該行業，會帶來生產能力的擴大，帶來對市場占有率的要求，這必然引起與現有企業的激烈競爭，使產品價格下跌；另一方面，新加入者要獲得資源進行生產，從而可能使得行業生產成本升高，這兩方面都會導致行業的獲利能力下降。

▶ 二、替代品的威脅

某一行業有時常會與另一行業的企業處於競爭的狀況，其原因

是這些企業的產品具有相互替代的性質。替代產品的價格如果比較低，當它投入市場，就會使本行業產品的價格上限只能處在較低的水準，限制了該行業的收益。本行業與生產替代產品的其他行業進行競爭，常常需要本行業所有企業採取共同措施和集體行動。

▶ 三、買方討價還價的能力

買方亦即顧客，買方的競爭力量需要視具體情況而定，但主要由以下三個因素決定：買方所需產品的數量、買方轉而購買其他替代產品所需的成本、買方所各自追求的目標。買方可能要求降低購買價格，要求高品質的產品和更多的優質服務，其結果是使得行業的競爭者們相互競爭殘殺，導致行業利潤下降。

▶ 四、供應商討價還價的能力

對某一行業來說，供應商競爭力量的強弱，主要取決於供應商行業的市場狀況，以及他們所提供物品的重要性。供應商的威脅手段一是提高供應價格，二是降低相應產品或服務的品質，從而使下游行業利潤下降。

▶ 五、現有競爭者之間的競爭

這種競爭力量是企業所面對的最強大力量，這些競爭者根據自己的一整套規劃，運用各種手段，例如價格、品質、造型、服務、擔保、廣告、銷售網路、創新等，力圖在市場上占據有利地位和爭奪更多的消費者，容易對行業造成極大的威脅。

行業內的五種力量	一般戰略		
	成本領先戰略	產品差異化戰略	集中戰略
一、進入障礙	具備殺價能力，以阻止潛在對手的進入。	培育顧客的忠誠度，以挫傷潛在進入者的信心。	建立核心能力，以阻止潛在競爭對手的進入。
二、買方論價能力	具備向大買家提出更低價格的能力。	因為選擇範圍較小，而削弱大買家的談判能力。	因為沒有選擇範圍，使大買家喪失談判能力。
三、供方論價能力	能力更好地抑制大賣家的論價能力。	更好地將供方的漲價部分，轉嫁給顧客方。	進貨量低，供方的論價能力就高，但集中差異化的公司能更好地將供方的漲價部分轉嫁出去。
四、替代品的威脅	能夠利用低價抵禦替代品。	顧客習慣於一種獨特的產品或服務，因而降低了替代品的威脅。	特殊的產品和核心能力，能夠防止替代品的威脅。
五、行業內對手的競爭	能更好地進行價格競爭。	品牌忠誠度能使顧客不理睬你的競爭對手。	競爭對手無法滿足集中差異化顧客的需求。

▲ 波特五力模型與一般戰略的關係

個人實踐

　　實踐「競爭三部曲」必須從打造個人品牌開始。美國著名家電公司惠普執行總裁惠特克曾說：「如果我們擁有客戶忠誠的品牌，那麼這就是其他競爭廠家無法複製的一個優勢。」商海沉浮，適者生存，同樣的，打造個人品牌也是職場競爭的取勝之道。競爭不可怕，裁員也不可怕，可怕的是自己沒有精湛的專業技能，沒有形成獨具特色的工作風格，沒有具備別人不可代替的價值。如果想在愈來愈激烈的職場競爭中取勝，從現在開始你就應該把自己當作一個品牌去經營。

　　「鐵打的職位，流水的人才」，所謂的人才都會面臨著人才競爭環境帶來的機會和威脅。管理專家指出，有了個人品牌的人才，才能在職場中成為不倒翁。「品牌價值說」一直都是熱門話題，一些職業經理人發現品牌意識、認知價值、企業忠誠度和強有力的品牌個性，是人才競爭中必不可少的利器。

　　事實上，不只是企業、產品需要建立品牌，個人品牌同樣是一個人才寶貴的無形資產，其價值甚至高於人才的有形資產，是無法估量的。

　　品牌是與身價緊密聯繫在一起的，個人品牌知名度愈高，給企業帶來的利益愈大，個人的身價自然也就不菲。著名籃球運動員姚明，由於自己的精湛球藝而被選入 NBA 2003 年明星隊先發陣容，姚明的出現為火箭隊帶來了空前的商機和人氣。火箭隊在姚明身上

獲得了巨大利益。姚明在 NBA 的生涯中，個人實際收入達到 1.8 億
美元，相當於 6 萬名大陸工人一年的工業增加值，若用於投資，則
可創造 5 萬多個就業機會，而圍繞姚明的產業開發價值更是超過 11
億美元。

　　職場競爭中，個人的工作方法、工作技巧都可以被競爭對手複
製，但是個人品牌是無法複製的，它是優秀人才的關鍵性標誌。

品質保障

個人
品牌

持久性和
可靠性　　　　　　　　　　培養和累積

如何打造專屬自己的個人品牌？
❶ 個人品牌最基本的特徵是品質保障
❷ 個人品牌講究持久性和可靠性
❸ 品牌形成是培養和累積的過程

▲ 個人品牌打造金三角

▶ 個人品牌最基本特徵是品質保障

這點跟產品品牌一樣，從產品品牌的起源來看，這一特徵就存在了。幾個世紀前，歐洲一些國家的農產品、礦產品都是沒有名字的，後來這些產品慢慢有了名字，這時的名字還不是品牌，再後來人們發現有的產品名字比其他產品更有價值，更受歡迎。最後，這些產品的名字逐漸演變成「品牌」。因此，品牌最核心的東西是品質保障。

引申到個人品牌，最重要的就是品質保障。這體現在兩方面，一方面是個人業務技能上的高品質；另一方面是人品品質，指的是既要有才更要有德。一個人僅僅工作能力強，而道德水準不高，是無法建立穩固的個人品牌的。

▶ 個人品牌講究持久性和可靠性

建立了個人品牌，就說明你的做事態度和工作能力是有保證的，也一定會為企業創造較大的價值，而企業使用這樣的人是信任和放心的。

▶ 品牌形成是培養和累積的過程

任何產品或企業的品牌不是自封，而要經過各方檢驗、認可才能形成。對個人品牌而言也不是自封的，而是被大家所公認。個人一旦形成品牌後，他跟職場的關係會發生根本性變化。像一家企業一樣，如果有了品牌，它做任何事會相對容易一些。同樣對個人來

講，一旦建立了品牌，工作就會事半功倍。

人才對品牌的需求，絕非如某些人所講是宣揚個人主義。一份調查資料顯示，大企業的平均壽命是 35 年，創業企業 80％的壽命不超過 5 年。如此看來，在企業謀生的人才的工作年限，相對要比企業的壽命要長，大部分人必然面臨 N 次選擇企業的問題，而有了個人品牌相對將有工作的保障。因為個人品牌的特點主要是對個人能力和魅力的呈現，其傳達以及效應是與一個人才的厚積薄發分不開的，在職場中是具有識別性和稀缺性的。

人才有了品牌，如同老虎長出了翅膀，所以個人品牌不只是一個人簡簡單單的姓名，而是在職場中的信賴標誌。「海闊憑魚躍，天高任鳥飛」，描繪的便是如今人才自由發揮的時代。建立個人品牌對於自我價值的實現尤為重要，其成功的概率也遠遠大於那些缺少個人品牌的人才。

誠如前面所談，個人品牌不是自封，也不是天上掉下來的，而是一個人才在他的職業生涯中慢慢培養和累積起來的。打造出個人品牌，即說明你的做事態度和工作能力是有口皆碑的，也一定會為企業帶來較大的價值，協助組織和團隊走向偉大的航道。

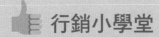 行銷小學堂

在了解波特的競爭三部曲以及四要素、五力之後，我們要進一步了解使用這套理論進行競爭對手分析應該注意的問題。

一、建立競爭情報系統，做好基礎資料的收集工作：要對競爭對手進行分析必須有一個基礎來作保障，這個基礎就是「競爭情報系統」和「競爭對手基礎資料庫」。競爭情報系統包括：競爭情報工作的組織保障、人員配備，以及相應的系統軟體支援、競爭情報各方面的內容。

只有建立了競爭情報的系統，將競爭對手的監測和分析變成一項日常工作，才可能及時地掌握競爭對手的動態，為企業決策提供及時的信息。

同時競爭對手基礎資料庫的建設非常重要，原因是現代企業的決策強調科學性和準確性，更強調基於事實和資料的決策。只有建立了完善的競爭對手資料庫，對於競爭對手的分析才不致成為空中樓閣，才可能落到實處。

二、建立符合行業特點的競爭對手分析模型：不同的行業有不同的特點，比如有的行業關注投資回報率，有的行業更關注市場占有率。同時行業所處的發展階段不同，其關注的焦點也會不一樣，所以企業有必要建立符合自身行業特點的「競爭對手分析模型」，絕對不能照搬照抄。

三、加強競爭對手分析的針對性：對競爭對手的分析，每一項都應該有其針對性。有的企業在對競爭對手進行分析的時候，往往把所能掌握的競爭對手的訊息都羅列出來，但之後便沒有了下文，所以這裡要明確分析競爭對手的目的是什麼。

按照戰略管理的觀點，對競爭對手進行分析是為了找出本企業與競爭對手相比存在的優勢和劣勢，以及競爭對手給本企業帶來的機遇和威脅，從而為企業制定戰略提供依據。所以對於競爭對手的資訊也要有一個遴選的過程，要善於剔除無用的資訊，避免工作的盲目性和無效率。

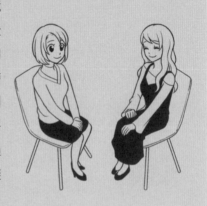

自我練習

選擇一個要販售的產品，試著分析競爭對手、找出可切入的行銷點。

行銷法則

05 80／20法則

將精力花在最重要的事情上

觀念｜在原因和結果、投入和產出、努力和報酬之間存在著一種典型的不平衡現象，只有抓住關鍵的少數，才能達到事半功倍的效果。

運用｜去挖掘經營中的招牌產品和占據著大比重營業額的產品，把精力投注在重要商品上。

世界財產分配圖

20%

80%

80%

20%

世界上80%的財產掌握在20%的人手中，這就是著名的八二法則。

錢本來就在有錢人手中，賺錢當然就要賺有錢人的錢啦！

在美國，大部分的財產掌握在只有20%比例的猶太人手中，正好證明了這個道理。

而這，也就是猶太人之所以成功的經商之道。

　　「80／20法則」反應了一種不平衡性，它在社會、經濟及生活中無處不在。1897年，義大利經濟學家菲爾弗雷多・帕累托在對十九世紀英國社會各階層的財富和收益統計分析時發現，大部分的財富都流向少數人手中。在今日看來，這並沒有什麼值得大驚小怪的，同時他還發現一件他認為非常重要的事情：某一個族群占總人口數的百分比，和該族群所享有的總收入或財富之間，有一種微妙的不平衡關係。從帕累托的研究中歸納出這樣一個結論，即如果20％的人享有80％的財富，那麼就可以預測出10％的人擁有約65％的財富，而50％的財富是由5％的人所擁有。不過，重要的不是百分比，而是一項事實──財富在人口的分配中是不平衡的。因此，80／20成了這種不平衡關係的簡稱，不管結果是不是恰好為80／20，這就是「80／20法則」。

觀念學習

▶ 專賺富人錢的猶太人

　　「80／20法則」告訴我們，財富不是平均地掌握在人們的手中，我們經常說：「美國人的財富在猶太人的口袋」，這是因為占美國人口很小比例的猶太人擁有美國大部分的財富，正好證明了這個道理。猶太人中，百萬、千萬、億萬富翁大有人在，如果有人問他們何以生財有道，他們會漫不經心地說一句：「錢本來就在有錢人手中」，你或許很不滿意這個好像不是答案的答案，但是請你千萬別誤會，猶太人是告訴你一個真理：「錢在有錢人手裡」，所以

我們要賺那些有錢人的錢；這樣就可以快快賺大錢了。

舉個例子來說，假如有人問：世界上放款的人多，還是借款的人多？一般人都回答說：「當然借款的人多」，但是經驗豐富的猶太人的回答恰恰相反，他們會一口咬定：「放款人占絕對多數」，實際也正如此，銀行總的來說是個借貸機構，它將從很多人那借來的錢，再轉借給少數人，從中牟取利潤，而用猶太人的說法，放款人和借款人的比例是80／20，銀行利用這個比例賺錢，絕不吃虧。「錢在有錢人手中，賺錢就要賺有錢人的錢」，這是猶太商人的經商哲學，而這一哲學源自他們對生活、對世界的看法，這便是「80／20法則」。

▶ 賣鑽石的日本商人

曾有一位日本商人受到「80／20法則」的魔力吸引，把它運用到他的鑽石生意上，結果獲得意想不到的成功。鑽石是一種高級奢侈品，主要是高收入階層的專用消費品，一般人是購買不起的。從一般國家統計數字來看，擁有巨大財富、居於高收入階層的人數比一般人數要少得多，因此人們都存在這麼一個觀念：消費者少，利潤肯定不高，絕大多數人不會想到，居於高收入階層的少數人持有多數的金錢。換句話說，一般大眾和高收入人數比例為80／20，但他們擁有的財富比例為20／80。日本商人就看中了這一點，他把鑽石生意的眼光投向占人口比例20％的有錢人身上，一舉獲得巨額利潤。

　　二十世紀六〇年代末的冬天，日本商人抓住時機，開始尋找鑽石市場，他來到東京的某百貨公司，要求借百貨公司的一席之地來推銷他的鑽石，但是百貨公司根本不理他那套，百貨公司的主管認為：「這簡直是亂來，現在正值年末，即使是財主，他們也不會來的，我們不冒這種不必要的風險。」他並不氣餒，堅持以「80 ／ 20 法則」說服百貨公司，最後取得該公司一角：郊區 M 店。M 店遠離鬧市，顧客很少，但該日本商人對此並不過分憂慮。結果「80 ／ 20 法則」的魔力很快就顯示出來了，雖然在地理位置不佳的 M 店，商人還是賣出了許多鑽石，取得巨大的利潤，大大突破一般人認為的效益。

進階思考

　　一個小的原因、投入和努力，通常可以產生大的結果、產出或酬勞。因此對所有實際的目標，我們 4 ／ 5 的努力，也就是大部分付出的努力，只與成果有一點點的關係。80 ／ 20 法則指出，在原因和結果、投入和產出以及努力和報酬之間，原本就存在一種不平衡關係。80 ／ 20 法則提供給這種不平衡現象一個非常好的衡量標準：80％的產出，來自於 20％的投入；80％的結果，歸結於 20％的原因；80％的成績，歸功於 20％的努力。在人們的日常生活和商業世界中，到處呈現出 80 ／ 20 現象，只要你細心觀察就會發現：

◆ 80％的銷售額來自 20％的顧客；

◆ 80％的生產量源自 20％的生產線；

◆ 80％的電話源自 20％的發話人；

◆ 80％的看電視的時間花在 20％的節目上；

◆ 80％的病假由 20％的員工所占用；

◆ 80％的討論都出自 20％的討論者；

◆ 80％的教師輔導時間花在 20％的學生身上；

◆ 80％的閱讀書籍都取自書架上 20％的書籍；

◆ 80％的看報時間都花在 20％的版面上；

◆ 80％的機械故障是由 20％的原因造成的；

◆ 80％的時間裡人們所穿的是其所有衣服的 20％；

◆ 80％的人外出吃飯都前往 20％的餐館；

◆ 80％的菜是在重複 20％的菜色。

　　生活中諸如此類的例子，我們可以隨手舉出許多許多。只要你稍稍留意就會發現，自然界中本來就存在著強弱之分，在動物世界裡，我們經常看到兇猛的獅子追逐弱小的糜鹿，世界正是在這種不平衡之中不斷地向前發展，而這種不平衡關係便是大自然生生不息的動力。

企業應用

　　80 ／ 20 法則主要的作用是，要人們放棄那些表現一般或不好的、只能帶來 20％產出的 80％的投入。例如，把更多的時間用於對自己更有價值的人身上；改善或捨棄那些你認為沒有任何意義的休閒活動，尋找更大的樂趣；停止生產那些利潤微薄或不營利的產品。

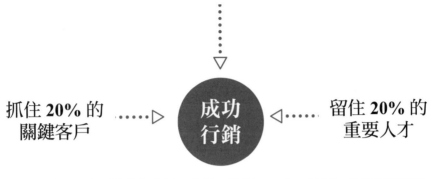

打造 **20%** 的核心產品

抓住 **20%** 的
關鍵客戶

成功
行銷

留住 **20%** 的
重要人才

適當的位置，安置恰當的產品、人員，掌握 80 ╱ 20 法則，你的行銷便能
成功達到目的。

▲ 80 ╱ 20 法則的行銷應用

▶ **打造 20% 的核心產品**

　　如果你對企業所有產品進行過分析的話，你會發現 80% 的企業
利潤實際上是由 20% 的產品創造的，這就說明企業領導者的主要精
力應該投在 20% 的產品上。在關鍵產品上投入大量的精力，比起把
全部精力平均分配在所有的產品上，要有效得多。商品市場永遠不
可能達到均衡，這就是 80 ╱ 20 法則在企業產品的投入與產出中的
表現，既然 80 ╱ 20 法則是普遍的存在，即商品市場永遠不可能達
到均衡，那麼企業就要盡可能地找到那些能帶來超額利潤的 20% 的
核心商品，集中精力在這些產品下工夫。簡單地說，無非是去挖掘
經營中的招牌產品和占據著大比重營業額的產品，如果找不到這些
核心產品，那麼企業就會白白浪費許多資源，而且還會喪失巨大的

利潤。

80 ／ 20 法則並非要求企業只在 20％的核心產品下工夫，該法則實際上是讓企業把重要精力投注在重要商品上。另外，值得企業管理者注意的是，核心商品與其他商品之間精確的比例關係，也不一定就是固定的 80 ／ 20，80 ／ 20 只是一種概說，是一個約數。在現實中，80％的利潤也可能來自於 35％的產品，或者來自於 25％的產品，甚至只是 15％的產品。總而言之，這些數字都體現了同一個內容：在原因和結果、投入和產出、努力和報酬之間存在著一種典型的不平衡現象。我們只有抓住關鍵的少數，才能達到事半功倍的效果。

▶ 抓住 20%的關鍵客戶

無論事物多麼繁雜，無論任務多麼艱鉅，只要我們留心觀察，專心研究，都能洞悉其中的奧秘，找出最重要、最有價值、最關鍵的任務和目標，並傾盡全力，就會事半功倍。比方說，我們要把更多的時間、精力用於 VIP 客戶和重點客戶的維護、關懷上；再比如，應將 60％的時間用於對現有客戶的維護與再銷售挖掘上。80 ／ 20 法則無時無刻不在影響著我們的生活，人們對它卻知之甚少。有專家說過：「上帝和整個宇宙玩骰子，但是這些骰子是被動了手腳的，我們的主要目的是要了解它是怎樣被動的手腳，我們又應如何使用這些手法以達到自己的目的。」

▶ 留住 20% 的關鍵人才

　　長期以來，某些企業領導者和人力資源主管們存在著一個這樣的錯誤認識：只有當所有的員工都忙到不能再忙時，企業才是最有成效的。誰沒有全力工作，例如滿頭大汗、忙個不停、在不同的工作間不停地變換、週六加班……，就得面對猜疑的目光，那些在公司經常有空閒時間的員工，恐怕連飯碗都保不住。為避免企業陷入上述管理陷阱，企業不妨再把 80 ／ 20 法則延伸到組織管理中，如果企業領導者深諳 80 ／ 20 法則，並能將其靈活運用到人力資源管理當中，那麼企業就能快速發展壯大起來。

　　在大多數人的意識中都有這樣一種觀念：為企業的發展做出主要貢獻的是公司的大部分員工。事實果真如此嗎？答案是否定的。多數員工看起來忙前忙後，但並沒有為公司創造什麼利潤；為企業或公司做出主要貢獻的其實只是一小部分人，是只占公司 20% 的人為企業創造了大多數利潤，這 20% 的人才就是推動企業發展的關鍵人才，如何設法留住並合理使用這些關鍵人才，才是一個企業人力資源管理的根本任務。

　　要想留住並合理使用企業的關鍵人才，首先要運用 80 ／ 20 法則，在企業內部進行一次全面的人才分析，將這 20% 的人才找出來。具體的分析可包括以下內容：產品或產品群分析、顧客和顧客群分析、部門及員工分析、地區或分銷管道分析、財務及員工收入分析、與企業員工相關的資料分析等等。藉由分析，企業領導者能精準地找到組織內那 20% 的關鍵人才，再根據分析結果採取相應的

措施，重用這些人才，提高他們的待遇，提升他們的工作積極性和主動性，使其充分發揮各自的才能，從而提高組織效率，促進企業迅速發展。

在企業管理中，「一視同仁」往往並不能取得好的效果，80／20法則告訴我們，事物都有其不均衡性。對員工一視同仁，讓大家吃大鍋飯，這無疑會大大傷害優秀人才的激情和才幹，滋養平凡之輩或懶散之人的僥倖心理。因此要想做好企業管理，就要抓關鍵的人、關鍵的環節、關鍵的崗位和關鍵的專案。如果「一視同仁」無助於提高企業的整體效率和競爭力，那麼企業管理者在經營管理活動中不妨試一試使用「厚此薄彼」之法。「厚此薄彼」的管理方式與專家提倡的「突出重點」有著異曲同工之妙，其中的道理企業管理者都懂得，可是操作起來就沒有那麼容易了。

「80／20法則」確定了企業領導者的大視野，關注20％的骨幹力量、20％的重點產品和重點用戶、20％的重要資訊、20％的重點專案。抓住了這幾個20％，整個工作會變得有條不紊，企業領導者也就可以有條不紊地開展工作了。需要提醒管理者的是，企業中光有20％的關鍵人才還不行，他們並不能把每件事情都做得很好，他們不是樣樣精通的萬能手，而是專業人才。他們對自己的專業和工作輕車熟路，而且非常具有創造性和開拓能力，不拘泥於做好分內的事情，還時常有創新的點子，他們能夠主動自發地做事情。對於這些人才，如果不加以重點培養，高薪厚待，那麼將會導致人才流失，企業的競爭優勢也會隨之消失。一個聰明的企業領導者不僅

要對每位員工的特長瞭若指掌，而且要重視那些核心員工，並善於利用他們不同的特長。

個人實踐

　　學者透過研究發現，人類至少擁有 400 多種優勢，這些優勢本身的數量並不重要，最重要的是你應該知道自己的優勢是什麼，之後要做的則是將你的生活、工作和事業發展都建立在你的優勢之上，這樣等於是走在成功的道路上了。

　　有一個很經典的故事是這樣的：小兔子被送進了動物學校，牠最喜歡跑步課，並且總是得第一；最不喜歡的則是游泳課，一上游泳課牠就非常痛苦。但是兔爸爸和兔媽媽要求小兔子什麼都學，不允許牠有所放棄。小兔子只好每天垂頭喪氣地到學校上學，老師問牠是不是在為游泳太差而煩惱，小兔子點點頭，盼望得到老師的幫助。老師說：「其實這個問題很好解決，你的強項是跑步，弱項是游泳，這樣好了，你以後不用上跑步課了，專心練習游泳」。

擅長

不擅長

　　中國有句古話：「只要功夫深，鐵杵磨成針。」講的是，只要堅持不懈必定能成功，但是看了上面這個寓言的人可能會意識到，

小兔子根本不是游泳的料，即使再刻苦，牠也難以成為游泳能手；相反的，如果訓練得法，牠也許會成為跑步冠軍。儘管其路徑各異，但成功都有一個共同點——揚長避短，傳統上我們強調彌補缺點，糾正不足，並以此來定義進步，而事實上當人們把精力和時間用於彌補缺點時，便無暇顧及增強和發揮優勢了；更何況任何人的欠缺都比才幹多得多，甚至大部分的欠缺是無法彌補的。

小兔子的故事很精彩，但在現實生活中卻很難進行準確的把握。比如你怎麼知道自己到底是兔子還是鴨子？一個很簡單的方法可以讓你知道你到底是誰。比如，當你看到別人做某件事時，你心中是否會有一種癢癢的召喚感：「我也想做這件事」，當你完成一件事時，你是否會有一種滿足或欣慰感；你在做某類事情時非常快，無師自通，這是一個重要訊號。當你做某類事情時，你不是一步一步去做，而是行雲流水般地一氣呵成，這也是一個訊號。

很多人會發現自己在做許多事情時需要學習，需要不斷地去修正和演練，而在做另外一些事情時卻幾乎是自發的，不用想就本能地去完成這些事情，這就是你的優勢。如果你本來沒有某種優勢，但是卻一再地堅持不放棄，希望將你的弱勢變成優勢，這是可悲的，因為這幾乎是不可能的，而且代價也是巨大的。切記，是兔子就去跑，是鴨子就去游泳！

行銷小學堂

每一個想要獲取輝煌事業、贏得幸福生活的人，都要充分認識到「80／20法則」的魔力：

◆ 一定要分清事情的輕重緩急，學會抓關鍵；

◆ 不要盲目瞎幹，學會找捷徑，成功靠的是智慧而非蠻力；

◆ 懂得有所為，有所不為的道理；

◆ 別人能幹的事情就交給別人去幹，無須事必躬親；

◆ 看問題要抓住事物的本質，不要被表面現象所迷惑；

◆ 不學無價值的知識，不聘用無價值的人；

◆ 用最少的努力獲取最大的成功。

在我們的身邊，那些看似付出不多的人都獲得了很大的成功，究其原因，關鍵在於他們知道將自己的主要精力花在那些最重要的事情上面。現代社會是一個財富和資訊分配極不平衡的社會，要想使我們的企業快速發展、壯大、增效，就必須充分認識、掌握和運用「80／20法則」。總而言之，投入與產出、努力與收穫、原因和結果之間，普遍存在著不平衡關係。一般而言，起關鍵作用的小部分，通常能主宰整個組織的產出、盈虧和成敗。藉由靈活運用「80／20法則」，我們每一個人、每一家企業都可以快速實現自己的夢想。

Chapter 2
洞悉人性的
行銷術

行銷法則 06 犬獒效應

年幼的藏犬長出牙齒並能撕咬時,就會把牠們放到一個沒有食物和水的封閉環境裡,讓這些幼犬自相撕咬,最後剩下一隻仍活著的,這隻犬便稱為「獒」,據說 10 隻藏犬才能產生 1 隻獒。所以要造就強者,唯有在競爭的環境之中。

行銷法則 07 視網膜效應

當你只看到公司或者員工的缺點,而不知發掘其優點時,「視網膜效應」就會促使你發現更多這樣的缺點;同樣的道理,當你善於發現公司或者員工的優點時,你會發現你工作在一個陽光明媚,讓人身心舒暢的環境。亦即你用什麼目光看世界,世界就會回報你什麼樣子。

行銷法則 08 破窗理論

如果有人打壞某棟建築物的窗戶玻璃,而這扇窗戶又得不到及時的維修,別人就可能受到某些暗示性的縱容,而去打爛更多的窗戶玻璃。此理論認為環境中的不良現象如果被放任存在,會誘使人們仿效,甚至變本加厲。反觀應用在行銷層面,便是要懂得及時修正和補救問題。

行銷法則 09　蝴蝶效應

一隻蝴蝶在巴西振動翅膀，有可能會在美國的德克薩斯州引起一場龍捲風。
此效應說明：事物發展的結果對初始條件具有極為敏感的依賴性，初始條件
的極小偏差都將會引起結果的極大差異，而魔鬼就存在於細節之中！

行銷法則 10　制約理論

廣告就是以適當的資訊，經過適當的包裝，在適當的時機，投入適當的預算，
藉由適當的媒體，針對適當的目標受眾所進行的溝通說服行動。簡而言之，
廣告就是要找對人，說對話，而且還要說得好，故營造品牌形象將幫助消費
者選擇。

行銷法則
06 犬獒效應
競爭的環境才能造出強者

觀念｜競爭是主動型的，它告誡你只有爭做強者，爭取勝
　　　利，才會在競爭中立於不敗之地。

運用｜建立完善的績效評價機制，被考核者就會做好與這些
　　　內容相關的工作；制定了考核制度，被考核者就會受
　　　考核制度的引導，在制度規定下做出績效，這就是考
　　　核能對績效提高做出貢獻的原理。

年幼的藏犬長出牙齒並能撕咬時，狗主人就會把牠們放到一個沒有食物和水的封閉環境裡，讓這些幼犬自相撕咬，最後剩下一隻仍活著的犬，這隻犬便稱為「獒」，據說 10 隻藏犬才能產生 1 隻獒。「犬獒效應」所要表達的是，要造就強者唯有在競爭的環境中，自然界的「適者生存，優勝劣汰」的進化規律同樣適用於人類。

競爭是主動型的，它告誡你只有爭做強者，爭取勝利，才會在競爭中立於不敗之地。拿破崙曾說過：「不想當將軍的士兵不是好士兵」，而犬獒效應要告訴你：「無論我們做什麼事，要麼不做，要做就要做最好的。」

觀念學習

▶ 用天敵刺激鰻魚生命力

日本北海道出產有一種非常珍貴的鰻魚，肉質十分鮮美，廣受老饕的喜愛，不過牠的生命卻相當脆弱，就算捕獲了，也很容易在送到市場前就死亡，這樣一來，使新鮮度大打折扣，價錢當然就賣不好。

這個問題困擾當地漁民很久，後來幾經觀察與研究，漁民發現只要在捕獲鰻魚後，在水池中放進鰻魚的天敵——狗魚，那麼原本水池中喪失活力、死氣沉沉的鰻魚立即會提高警覺，好避免遭受天敵的攻擊，結果鰻魚的生命力反而更加旺盛，即使上岸之後，依舊活蹦亂跳。

▶ 設定假想敵的蒙牛

在中國非常出名的「蒙牛乳業」自1999年在內蒙成立後，可說是中國近幾年來成長最快的民營企業之一，銷售額由初創時的4,000多萬元人民幣增加到2003年的50多億元人民幣，堪稱「牛氣」十足。在蒙牛創建初期，另外一家同樣位於中國的乳製品公司「伊利」，已經是乳業巨頭。即便如此，蒙牛還是選擇向伊利挑戰，並勇敢地與伊利展開競爭。在一片「向伊利學習」的口號聲中，蒙牛以低姿態進入市場。但是輕敵的伊利起初並沒有將蒙牛放在眼裡，壓根就不認為蒙牛算是敵人。經過幾年的勵精圖治，終於，蒙牛發展成可以與伊利相抗衡的乳業大戶，也正是與伊利的競爭，才造就了今天蒙牛的牛氣沖天。

進階思考

競爭是造就強者的學校，我們生活在一個充滿變革的時代，挑戰和機遇同在，因此，競爭正是它最顯著的特徵。競爭是一種刺激，一種激勵，也意味著新的選擇和新的機遇，競爭出生產力，競爭出戰鬥力。所以只有主動迎接競爭的挑戰，我們才能成為強者。

企業應用

以市場經濟為例，它是天然的競爭經濟，在市場經濟條件下，競爭才有高效率，競爭才能產出效益，沒有競爭就像死水一潭，事業會缺乏生機與活力。這已經為無數企業發展的過程所證明，為保

證自己能在激烈的競爭中生存下來，許多企業都會營造內部競爭的機制，以保證員工隊伍隨時都是最精幹的。至於企業應當怎樣實踐「犬獒效應」呢？

設定
假想敵

企業
應用

塑造
競爭環境

建立完善的績效評價機制

▲ 犬獒效應在企業上的應用

▶ 為員工創造一個競爭的環境

　　競爭對人才的成長是有好處的，有人力資源專家就說：「競爭是人才成長的加速器」，不管企業主或員工都是人，總是會有惰性的，如果老是處在輕鬆寬裕的環境之中，容易慢慢滋生安逸享受之心，不思進取。因此，作為企業的管理者，應該想方設法地給員工製造壓力，使員工奮發上進。

　　日本松下公司便很注重培養員工的競爭意識：在公司裡，松下讓每個人意識到不進則退，不及時「充電」，隨時有被淘汰的危險；讓員工在惡劣環境中成長，下達給員工的任務，一般都缺乏順

利完成的條件，就是要讓身處「逆境」的員工創造性地解決問題。

▶ **建立完善的績效評價機制**

　　績效是指員工在一定的時間和條件下，為實現預定的目標所採取的有效工作行為，以及實現的有效工作成果。績效考核是對員工的工作行為與工作結果全面地、系統地、科學地進行考察、分析、評估與傳遞。它是主管和員工持續雙向溝通的一個過程，在這個過程中主管和員工就績效目標達成協定，並以此為導向進行持續的雙向溝通，幫助員工不斷提高工作績效，完成工作目標。

　　而「績效評估」是人力資源開發必不可少的一個重要組成部分，組織只有對個人績效做出公正的鑑定和評估，才能確定人力資源開發與管理的基礎，才能充分調動人的積極性，從而達到人力資源的有效開發和管理，將員工的活力展現出來。

　　人們往往有個共識，一說到進行績效考核，被考核者肯定會注意績效，因為誰都不想自己的績效被評得太低，這就是績效考核對績效的牽引作用。實際上制定了考核內容，被考核者就會做好與這些內容相關的工作；制定了考核制度，被考核者就會受考核制度的引導，在制度規定下做出績效，這就是考核能對提高績效做出貢獻的原理。

個人實踐

競爭是人類生活的主題，在世界日漸被抹平的今天，我們必須面對更多的競爭對手。要戰勝別人，就必須有高素質的技術人才和管理人才；要培養出優秀的人才，那麼我們必須全面提高自己的素質。只有透過競爭，才能把自己的知識、能力、情感、信心、膽識培養出來。

古人曾經說過：「人無遠慮，必有近憂」，孟子也論述過：「生於憂患，死於安樂」，我們只有具備憂患意識，才可以產生動力。我們正處於一個講求「生存競爭的叢林法則」年代，所謂「生存競爭的叢林法則」，其實就是強者為王的法則，弱勢群體在叢林社會中只能處於被支配、被利用的地位。

早在達爾文的《物種起源》中便闡述了生物進化和生存競爭的規律，如「物競天擇」、「適者生存」、「優勝劣汰」、「弱肉強食」等。這些存在了億萬年的生物進化法則，隨著文明的進步而逐漸被人類認識和利用，最終成為人類叢林社會生存與競爭的基本法則。「生存競爭的叢林法則」也就是達爾文「進化論」的觀點，從強者為王的必然性，強者的優勢，弱肉強食、優勝劣汰的現實，強勢地位的諸多本質法則與規律歸結為十大法則。

生存競爭的叢林十大法則

一、 **物競天擇**：競爭是自然界的常態，生存就是競爭。生存，不但是自然界生物的本能，更是人類與生俱來的追求；競爭，不但是自然界生物的宿命，更是人類與生俱來的挑戰。

二、 **適者生存**：生存是一種結果，它需要條件，這個條件就是適應。自然和社會不會為不適應者浪費資源，不適應環境和競爭的人只能被無情地淘汰。

三、 **用進廢退**：一個拳擊手的手臂肯定要比一個公司員工的手臂粗壯有力，但他們童年時並沒有太大差別。

四、 **優勝劣汰**：自然只偏愛那些優勢的物種和個體，對於劣勢的一方，它總會殘忍地奪取它們剛剛得到的生命和寶貴的自由。

五、 **末位淘汰**：末位淘汰是內部競爭的必然結果。世界因末位淘汰而變得和諧、有序，且充滿生機。

六、 **適應變化**：這是個變化的世界！地球已存在了幾十億年，在這漫長的歲月裡，它時刻在改變著自己，而人類也必須隨著地球和社會的改變而改變。

七、 **分工協作**：遠古人類，從他們的靈長類祖先那裡繼承了群居生活的方式，同時也繼承了合作的精神。作為團隊的一員，必須明確「分工協作」是需要，也是義務。

八、 **弱肉強食**：羚羊生來就要做獅子的食物，這是牠們的宿命，無從逃避。

九、 **危機意識**：「亡羊補牢」雖然為時不晚，但是付出的代價卻肯定是收不回來了，所以還是「狡兔三窟」更實惠些。

十、 **贏家效應**：《聖經馬太福音》說：「凡是有的，還要給他，使他富足；但凡沒有的，連他所有的，也要奪去」。

　　這十大法則就像引領人類前進腳步的十個腳印，每一個成功者都加大了它的深度，而那些失敗者只是腳窩裡的塵土。要成為一位強者，在社會競爭的洪流中脫穎而出，肯定要付出艱苦的努力，更重要的是要深刻理解社會競爭的規律，否則會事倍功半，離成功愈來愈遠。

👍 行銷小學堂

　　人類的歷史，可說是一部生存史，同時也是一部人類為謀求生存而進行劇烈競爭的歷史。沒有競爭，人類無法從遠古時代生存發展下來，也就沒有今天和將來的人類。在整個人類歷史中，人類總是面臨著兩個方面的生存競爭，一是在自然中的生存競爭，可稱為「自然生存競爭」，然後隨著這種自然生存競爭而來的是，人類在自己社會存在中的生存競爭，可稱為「社會生存競爭」。

　　顯然地，人類首先必須在大自然中尋求生存所必需的物質，從最直接的摘採野果野菜，到想方設法地自己製造生產對自己有用的各種物質，這些都是人類在自然中的生存競爭。

　　之所以說人類在自然中也必須透過艱難的競爭以求獲得自己需要的物質，是因為自然中並沒有多少現成的東西能讓人類直接獲得和使用，而到現在，每使用一件東西，絕大多數都是透過人類辛勤而特定的勞動所製造出來的，並不是自然界直接給予。所以不要怕競爭，競爭才是人類生活的最終出路，誠如鴻海的郭台銘曾經說過：「爭名奪利是好漢，開疆闢土真英雄」。想要在人群中勝出的唯一方法，就是成為那隻十中選一的獒犬。

自我練習

盤點個人或公司的優缺點，找出可能的假想敵、擬定應對方式。

行銷法則
07 視網膜效應
你用什麼目光看世界，世界就會回報你什麼樣子

觀念｜看到一個人的某種缺點，容易覺得他一無是處；如果看到一個人的某項優點，就會覺得他渾身是寶。

運用｜管理者對待各種類型的員工，必須以「知人善用」為前提，安排適宜發揮他特長的工作，這樣就能人盡其才，把目光集中在這些優秀的品質上吧。

　　用什麼樣的目光看待世界，世界就會回報給你什麼樣子，這就是「視網膜效應」。舉幾個例子：當你精心為自己選購了一件喜歡的衣服時，走在街上就會發現有好多人和你撞衫了；當自己的家人生病住院了，你會突然發現原來周圍有這麼多得這種病的人；如果一個人覺得大家的脾氣都不是很好，那麼這個人本身就是一個脾氣很壞的人，以上種種都是「視網膜效應」的表現。

　　當你只看到公司或者員工的缺點，而不知發掘其優點時，「視網膜效應」就會促使你發現更多這樣的缺點；同樣的道理，當你善於發現公司或者員工的優點時，你會發現你工作在一個陽光明媚，讓人身心舒暢的環境之中。

觀念學習

▶ 改變看法的畫家

　　從前有一個商人，經常需要出遠門經商。商人的鄰居是畫像的畫家，看起來很兇悍，商人一點兒都不喜歡他。有一回，商人出門一年多，回來的時候，突然發現自己的鄰居好像變得非常友善，而且連眉毛都帶著笑。

　　他覺得非常奇怪，就找個機會去鄰居家坦誠相問，鄰居笑著說：「我也發現自己變了，開始我弄不明白，但是後來我知道了，原來是因為之前一直在畫魔鬼，心中總想著魔鬼的樣子，連畫畫時的表情都在模仿魔鬼，大約是從你走的時候吧，我才改畫天使。」

沒有等鄰居說完，商人已經明白了一個道理：鄰居的模樣改變，是因為他眼中看到的事物改變了。

▶ 只看將領優點的林肯

美國南北戰爭時期有一位名叫格蘭特的將軍，此人軍事才能傑出，但有一個毛病就是好酒貪杯。當時的美國總統林肯看到他是一位帥才，雖有很明顯的缺點，但他的才能卻是別人無法相比的，於是林肯力排眾議，堅決任用格蘭特。

林肯對眾多的反對者說：「你們說他有愛喝酒的毛病，我還不知道，如果知道了，我還要送一箱好酒給他呢！」格蘭特的上任果然決定了戰局的勝利，在他的統帥下，美國南北戰爭出現了轉折，北軍很快平定了南方奴隸主的叛亂。

▶ 人盡其用的西鄰

有則《西鄰五子》的寓言說，西鄰共有 5 個兒子，「一子樸、一子敏、一子盲、一子傻、一子跛。」西鄰將 5 個兒子中質樸老實的安排種地，機敏伶俐的安排經商，雙目失明的安排卜卦，背駝的安排搓麻，跛足的安排紡繩。西鄰安排 5 個兒子對號入座，各適其職，讓 5 個兒子都不愁吃穿。而作為管理者，也要充分了解人才，以實現：「因事擇人，量才錄用，才盡其力，事竟其功。」

進階思考

佛說：「物隨心轉，境由心造」，說的是一個人有什麼樣的精神狀態就會產生什麼樣的生活現實。一時的決定或選擇，既可以令人走向成功，但也可以令人身陷囹圄，當你無法改變現實時，就改變你看待現實的目光吧！

你的眼光決定了你的世界觀和言行、決定你公司的經營是否能成功。所以說「改變眼光，才能改變你的一生」，正確看待「視網膜效應」，養成用積極眼光看世界的思維，就會有發現機會的眼光，終會柳暗花明。

企業應用

根據「視網膜效應」，我們知道如果管理者看到一個人的某種缺點，容易覺得他一無是處；如果看到一個人的某項優點，就會覺得他渾身是寶。這種對待人才的態度其實是不足取的，管理者對待各種員工必須以知人善用為前提。

知人，即了解所用之人的特長、短處、能力強弱、個性特點；善用，即能根據不同人的特點，揚長避短，化短為長，安排適宜發揮他特長的工作，這樣就能人盡其才。在你身邊工作的每個人都會有自己的優點，把目光集中在這些優秀的品質上來吧。接著，我們來談談用人特長的六大要點。

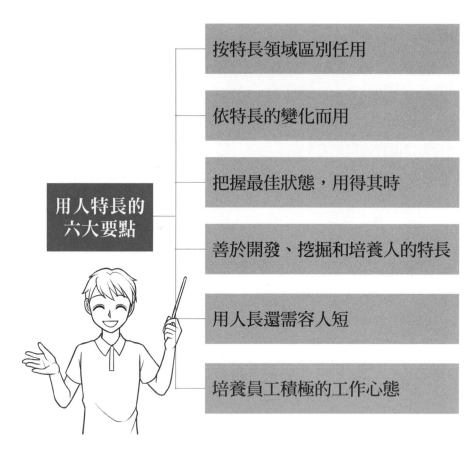

按特長領域區別任用

依特長的變化而用

把握最佳狀態，用得其時

善於開發、挖掘和培養人的特長

用人長還需容人短

培養員工積極的工作心態

用人特長的
六大要點

▲ 企業用人特長的要點

▶ 一、按特長領域區別任用

　　主觀和客觀的侷限性，決定了任何人都只能了解、熟悉和精通某一領域的知識或技能，因此人在知識和技能方面的特長具有明顯的領域性特徵，無論一個人在知識和技能上表現多麼突出，成長多

麼卓越，也只能在他所適應的領域具備特長，一旦離開他所適應的領域，來到不適應的領域，這些知識或技能上的特長就可能不會再顯示出優勢，失去特長的意義。

朱元璋打天下的時候，從浙東得到「四賢」，根據他們各自術業的專攻，朱元璋對他們予以不同的任用：將善謀的劉基留在身邊，參與軍國大事；宋濂長於寫文章，便叫他從事文化；葉琛和章溢有政治才幹，即派他倆去治民撫鎮。

用人時，應該先要了解和弄清楚使用物件的特長是什麼，這種特長適用於哪個領域？然後按照人的特長派上用場，使工作領域與人的特長相符合。

▶ 二、按特長的變化而用

人的特長雖然只適用於一定的領域，但也不是一成不變的。人的特長還具有「轉移性」，可以從這一領域向另一領域發展，發展的結果往往是新領域特長超過原領域特長。這種特長轉移性現象，在人類的創造發明活動中，也可以找出許多的例子，如新聞記者休斯發明電爐，獸醫鄧洛普發明輪船，畫家莫爾斯發明電報，軟木塞的經銷商吉特發明安全刮鬍刀，記帳員伊斯釣發明新照相技術等。

當發現人的特長轉移之後，用人者要及時調整對人的運用，盡可能地把他們安排到適合新特長發揮的工作領域中，為保護新特長的發展、促進新特長的發揮，創造良好的環境和條件。

▶ 三、把握最佳狀態，用得其時

　　人的特長隨著年齡和和精力的變化有可能增長，也有可能衰退。這種特長的增長或衰退就是特長的「衰變性」，它的變化軌跡呈曲線，一般是先向上增長，當增長到峰值期的時候，特長便不再增長，保持一個階段之後，便會向下遞減。了解了人的特長衰變性，用人就要講究用得其時，要在人的特長上升增長階段和峰值期予以重用，以讓他們的特長充分發揮作用，不要等進入衰退期了再用。到了那時，人的特長發展階段和高峰保持階段已過，再用就很難起到揚長的作用了。

▶ 四、善於開發、挖掘和培養人的特長

　　人的特長具有「用進廢退」的性質，愈是用它，它愈能發展，愈能增進它的優勢。相反的，如果不用它而廢置一邊，那它得不到增進發展的機會，久而久之，自會退化萎縮。用人要懂得用進廢退的道理，善於在使用中開發與挖掘人的特長，並促進特長的發展。透過使用，在實踐中培植人的特長，養育人的特長，開發人的特長，發現和看到人的特長而不使用，不僅是最大的人才浪費，同時也是對人才的一種可怕壓抑。

▶ 五、用人長還需容人短

　　但凡管理者都知道人才的重要性，但在日常工作中往往是用人之長易，容人之短難，以致於一些人才因為存在這樣或那樣的缺點和毛病而被埋沒，這不能不令人遺憾。有沒有十全十美的人才？

當然沒有！不但普通員工有缺點，即便是那些精英人物也有不足之處，有時才幹愈高的人其缺點愈引人注目。例如一個進取心強、敢冒險的人，可能會有處理事情不周不細的毛病；一個人有魄力、有才幹，不怕閒言碎語、不怯習慣勢力，但有時卻顯得過於自信和驕傲；一個有毅力、有韌性，不達目的誓不甘休的人，可能會犯主觀、武斷的錯誤。

可是有的管理者卻執意要發現十全十美的人才，對下屬過分挑剔、求全責備，結果往往使下屬感到無法容忍；其次，管理者不敢使用有缺點、有不足之人，最終便會埋沒了那些真正有價值的人。一個真正有價值的人並非那種毫無缺點的人，而是在某一方面有突出才幹的人，這種人才能夠勝任其職，並能夠取得優異的成績，他們的缺點對於完成任務沒有太大阻礙，或者在合理的幫助和支持下，這種阻礙不會對任務的完成產生太大的影響。

▶ 六、培養員工積極的工作心態

在公司中，管理者要注意引導，盡量營造員工積極的陽光心態，因為在這種心態下，員工最容易看到公司積極的一面，從而對公司的發展充滿信心。你必須讓員工在公司工作時感到非常愉快，否則他們怎麼會讓客戶感到愉快，因此你必須照顧員工，告訴他們，你將帶領公司朝一個什麼方向走。一個人不可能做一切事情，要營造一種氛圍，讓員工自由發揮，這樣他們也才會為公司做出一些貢獻。

個人實踐

　　當你面對一件事，更多的是看陰暗面還是看光明面？當你面對一個人，更多的是看缺點還是看優點？當你面對危機，更多的是看危險還是看機遇？當你面對失利，更多的是看失去的還是看得到的？選擇什麼角度去看，這是每個人的自由，也是每個人的智慧，但以下要談的二種個人實踐觀念，將有助於你在行銷規劃方面發揮的更好！

▶ 從改變看事物的角度開始

　　改變看事情的角度，就是改變做事情的品質。看法決定想法，想法決定作法，而作法決定了結果。因此，成也好、敗也好，這都是每個人早就選擇好了的。當然，「積極心態」決不是讓你忽略問題的存在，你得正視它，但要是無端地放大錯誤，甚至以為是世界末日，那就消極得太可怕了。

　　做銷售的人，無端放大被拒絕的事實，而看不到拒絕背後客戶的需要、競爭者的動向和產品改進的餘地，他怎麼能夠成長？

　　做管理的人，無端放大員工的缺點和劣勢，而看不到員工的潛質、特長和對成功的渴望，那他怎麼成為職業經理人？

　　作為職業者，只看到單調重複的日常工作，卻看不到在重複中的能力提升，那他的工作將變得多麼乏味！

作為生意人，只看到景氣和不景氣的事實，卻看不到事實的背後，請問：經濟不景氣的年代，難道就沒人能夠賺到錢嗎？而經濟很景氣的年代，難道就沒有人傾家蕩產嗎？

　　要知道，決定結果的往往並不是事情本身而是看待事情的態度。建議你重新梳理對人、對事、對物的看法，將找到完全不同的答案。

不同的角度，看到的東西、視野與格局會不一樣。

▶ 專業的人重視細節

　　不知道各位有沒有發現：愈是專業的人愈懂得關注細節。也正是那些細節，造成最終結果的不同。在習慣的工作中，能夠發現值得關注和提升的小事，並能在它們變成大事之前予以解決，這就是學習力。在日漸浮躁的商業社會，希望獲得更好結果的人們，總是

無休止地追逐下一個目標，至於過程中的小問題，似乎誰都懶得去理會，但他們恰恰忘記了這正是可以帶來好結果的關鍵所在。難怪連美國前國務卿鮑爾也把「注重細節」當作他的人生信條呢。除非你對職業前景並不抱什麼希望，否則建議好好留意這幾點：

（1）沒有什麼不重要的小事。只要是構成結果的一部分，都值得你去重視。
（2）關注工作流程。只要認為目前還未達到最佳效率，細節就應該被關注。
（3）差距來自細節。因為造成不同結果的事，往往是容易被忽略的小事。

　　細節不是小事，在你忽略它的時候，小心它會給你狠狠一擊。華倫‧巴菲特，這個世界上唯一一個靠股市成為億萬富翁的人，他也同意這個觀點。因為無論他的投資策略還是商務策略，巴菲特始終認為成敗都在細節。

行銷小學堂

　　人類看待一件事情，往往會根據他的過往經驗來下判斷。了解「視網膜效應」後，我們知道從事行銷時，為了促進彼此的和諧，增加溝通的效率，應當拋棄本位主義，不要各說各話，更不要帶有偏見，才有可能化解立場不同的對方，彼此之間的隔閡。

自我練習

回想個人經驗，是否有曾受到視網膜效應影響，而錯失一位好人才
的經驗呢？

行銷法則

08 破窗理論
行銷，得要懂得及時修正和補救問題

觀念｜環境中的不良現象如果被放任存在，將誘使周遭的人們仿效，甚至變本加厲。

運用｜高度警覺那些看起來是偶然的、輕微的「過錯」，如果對這種行為糾正不力，會縱容更多的人「去打爛窗戶」，演變成「千里之堤，潰於蟻穴」的惡果。

　　美國史丹佛大學的心理學家菲利普・金巴多（Philip Zimbardo）曾做過一項試驗，他找來兩輛一模一樣的汽車，一輛停在比較雜亂的街區，一輛停在中產階級社區，然後把停在雜亂街區那輛汽車的車牌摘掉，頂棚打開，結果一天之內就被人偷走了。

　　而擺在中產階級社區的那一輛，過了一個星期仍舊安然無恙。後來，金巴多用錘子把這輛車的玻璃敲了一個大洞，結果僅僅過了幾個小時，它就不見了。

　　後來根據這個試驗，政治學家詹姆士・威爾遜（James Q. Wilson）和犯罪學家喬治・凱林（George L. Kelling）提出了「破窗理論（Broken Windows Theory）」。

　　這個理論認為：如果有人打壞了一棟建築物的窗戶玻璃，而這扇窗戶又得不到及時的維修，別人就可能受到某些暗示性的縱容，而去打爛更多的窗戶玻璃。久而久之，這些破窗戶會給人造成一種無序的感覺。

　　在這種麻木不仁的氛圍中，犯罪活動就會滋生、繁榮。破窗理論不僅僅在社會管理中有所應用，而且也可被用在現代的公司管理中。其重點在提醒我們：「及時矯正和補救正在發生的問題」。

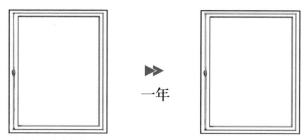

平常在路邊完好無缺的窗戶，可能過了一年都還不會有任何變化。

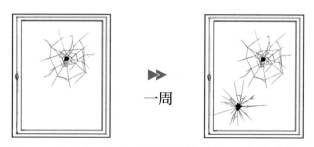

某天窗戶破了一角，不到一周又出現更多裂痕，甚至可能破光。

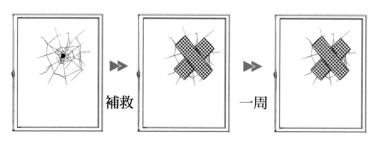

一旦發現裂痕，及時處理，可能就不會出現更多的破玻璃。

破窗理論的重點，提醒要及時矯正和補救正在發生的問題。

▲ 破窗理論

觀念學習

▶ 推動「紅牌作戰」的日本企業

　　在日本，有一種稱作「紅牌作戰」的品質管制活動，公司會將有油污、不清潔的設備貼上具有警示意義的「紅牌」，將藏汙納垢的辦公室和工廠生產線死角也都貼上「紅牌」，以促使員工注意，使其迅速改觀，從而使工作場所清潔整齊，營造一個舒爽有序的工作氛圍。在這樣一種積極暗示下，久而久之，人人便會遵守規則，認真工作。實踐證明，這種工作環境的整潔，對於保障公司的產品品質起到非常重要的作用。

　　國外心理研究人員認為，創造一個良好的工作環境，有助於防止精神疾病。同時藉由創造吸引人的工作場所，能夠有效緩解工作壓力，這樣的投資可以創造經濟效益。因此，能夠營造舒適氛圍，使雇員全面協調的發展、掌握自己職業生涯的公司，才是好公司。

▶ 重視軟硬體環境的惠普

　　美國知名 IT 企業惠普公司認為，建立良好的工作環境，才是吸引和留住人才的關鍵，這裡所說的「工作環境」，既包括「硬體」，也包括「軟體」環境。硬體環境主要是指物質報酬、辦公設施等，公司應建構合理的薪酬結構線，既兼顧內部公平性，同時又突出外部競爭性和內部競爭性，給優秀員工有效的物質激勵。

　　良好的辦公環境一方面能提高員工的工作效率，另一方面能確

保員工們的健康，使他們即使在承受較大的壓力下，也能保持健康平衡。

所以，一家好公司應宣導「以人為本」的辦公設計理念，對辦公桌、辦公椅是否符合人性化和健康原則進行嚴格核查，以確保員工每時每刻都能保持良好的工作狀態和工作激情。

相對硬體環境而言，軟體環境建設也同樣值得充分重視，軟體環境主要是指公司文化、工作氛圍等。

▶ 還紀律本來面目的紐約

八〇年代時，犯罪充斥著紐約市，地鐵更不用說了，車廂髒亂，到處塗滿了穢句，即使坐在地鐵也是人人自危，紐約的地鐵被認為是「可以為所欲為、無法無天的場所」。當時的紐約市交通警察局長布拉頓受到「破窗理論」的啟發，針對紐約地鐵犯罪率的飆升，布拉頓採取的措施是號召所有的交警認真推進有關「生活品質」的法律，以「破窗理論」為師，從維護地鐵車廂乾淨著手。員警發現：相比之下，人們果然不會在比較乾淨的場合犯罪。此後，布拉頓又將不買車票白坐車的人用手銬銬住，排成一列站在月臺上，公開向民眾宣示政府整頓的決心。雖然地鐵站的重大刑案不斷增加，但他卻全力打擊逃票。

結果發現，每七名逃票者中就有一名是通緝犯；每二十名逃票者中就有一名攜帶兇器。從抓逃票開始，地鐵站的犯罪率竟然下降

了，治安大幅度好轉。布拉頓的作法顯示出，小奸小惡正是暴力犯罪的溫床——對這些看似微小卻有象徵意義的違章行為大力整頓，大大減少了刑事犯罪。布拉頓依據「破窗理論」，先改善犯罪的環境，使人們不易犯罪，再慢慢緝凶捕盜，回歸秩序。這樣一來，紐約市就從最小、最容易的地方著手，打破了犯罪環結，使這個惡性循環無法繼續下去。

進階思考

實際上，破窗理論的現象在現實生活中隨處可見。我們外出旅行時，若住進環境優美的旅店，總會好生愛惜，小心使用店內的設施；反之，如果住進的是一間環境骯髒、破舊不堪的旅店，我們便沒了這些愛惜之心。

如果說「偷車試驗」和「破窗理論」更多的是從犯罪心理學角度去思考問題，那麼推而廣之，從人與環境的關係這個角度去看，公司中發生的許多事情，不正是環境暗示和作用的結果嗎？從破窗理論中我們可以得到這樣的道理：任何不良現象的存在，都在傳遞著一種資訊，這種資訊會導致不良現象的無限擴展，我們必須高度警覺那些看起來是偶然的、個別的、輕微的「過錯」，如果對這種行為不聞不問、熟視無睹、反應遲鈍或糾正不力，將會縱容更多的人「去打爛更多的窗戶玻璃」，極有可能演變成「千里之堤，潰於蟻穴」的惡果。

企業應用

改革，是完善人類社會各種體制的重要方法，它是化解社會矛盾的有效途徑，也是人類社會不斷進步的重要步驟。在管理上亦是如此，改革就是要徹底否定舊的、不適應公司發展規律的東西，建立一種新的秩序。假如說你的公司已在走下坡路，那該怎麼辦？首先你應該為公司建立一個高標準的紀律體系。當然，別指望你自己做不到，反而要求員工維持的高標準。

第二步，找出某個範圍來，先集中全力整頓這方面。舉個簡單的例子，如果公司規定的午餐時間是一個小時，但幾年前有一名員工因為回家辦私事遲到了十分鐘，但你並沒有因此過問，從此便經常有人遲到，幾年下來，大家全是拖拖拉拉的不遵守這個規定。於是你應該將為什麼不能持續這種現狀的理由全部列出來，譬如說：這是對公司的一種欺騙、這是不敬業、客戶商談業務會找不到人、團體形象會遭到破壞、會為按鐘點計酬人員及年輕經理人做不良示範等等。然後你應下決心懲罰那些不再遵守公司規定的人，可以用罰款或是留置加班等方式進行警告，到必要時也應不惜開除人。但注意在做這些決定時，一定要公平合理。而後你會發現，那些平日遵守公司規定的人看到你這樣做一定很高興。他們會覺得多年來有很多人都在拖延午餐時間，相對來說，等於是掠奪了遵守規定之人的時間，加重他們的工作負擔。

等你解決這個問題後，接下來再去解決另外一個問題，長期持

續下來，事情會進行得很順利。當然，你肯定會希望儘快使整個環境改觀，這也是很多人的想法，但反過來說，在紀律鬆弛已久的情況下，如果整頓起來操之過急的話，會引起很多的怨恨，這種怨恨反而會影響你的改革，引發其他諸多問題。

但是不管你要做哪種改變，一旦開始，就要往正確的方向繼續邁進，無論採取什麼樣的措施，一定要使團隊中的員工明白：紀律並不是單純為了處罰，也不只是為了約束，它應算是一種強制性的共同道德準則。

個人實踐

「漸漸」這種觀念相當可怕，它會侵蝕一個人的鬥志，讓人逐步放棄他的堅持，然後終將淪落到萬劫不復的深淵。以使用金錢的方式，來說明個人該怎樣實踐「破窗理論」是再恰當不過了。《韓非子說林上》中有個故事：「紂為象箸而箕子怖，以為象箸必不盛羹於土鉶，則必犀玉之杯；玉杯象箸必不盛菽藿，則必旄象豹胎；旄象豹胎必不衣短褐而舍茅茨之下，則必錦衣九重，高臺廣室也。稱此以求，則天下不足矣。」這個故事是說，紂王叫工匠做了一雙精緻的象牙筷子，箕子見了很擔憂。他認為，用象牙筷子就會看不上陶罐土碗，要用玉製杯碟才相配；接下來又會討厭裡面盛的小米蔬菜，而要山珍海味；在以後就會對穿衣、住房提出更高要求，享樂的欲望不斷擴大，天下的民脂民膏也難填一個人的欲望。

箕子關注用象牙筷子這樣不大的事情，見微知著，講出了一番戒奢倡儉必須防微杜漸的道理，是很有見地的。實際上，商紂王最後的確走上驕奢淫逸、荒淫無度的亡國之路，就從這個道理作了深刻的詮釋。

　　「防微杜漸」，不是什麼新鮮道理，關鍵在於從點滴開始認真去做。有的人認為，現在社會發展了，人們的生活水準提高了，總不能太節儉，還像經濟困難時期那樣小氣吧？這種看法有很大程度的片面性，節儉並不是「小氣」，關注細小方面的節約也不是「摳門」，因為我們仍然必須堅持勤儉辦事，把錢花在刀刃上，而不允許有一絲一毫的浪費。

　　提倡防微杜漸，戒奢倡儉，從物質上講可以點點滴滴集少成多，節約財富；從精神上講可以培養艱苦奮鬥的美德。只有從小處著眼「防微」，才能真正做到「杜漸」，有效抵禦形形色色的誘惑，抵禦不正當欲望的滋生和蔓延。

- 重視企業工作環境、員工身心靈健康
- 堅守紀律，並嚴格執行公司政策
- 賞罰分明，主管以身作則

企業 ◁ 破窗理論 個人 ▷

- 勿過度追求物質，由奢入儉難
- 不怠惰，堅持好習慣
- 培養定力，不被各種誘惑所惑

▲ 破窗理論的應用

行銷小學堂

　　社會是一個大家庭，只有整體社會達到和諧，人們才會過得更加平安、幸福。所以當看到社會中的一些不良現象和行為，或者當看到企業管理中出現了一個「破窗」時，我們應該立即進行修補，不給某些人任何可乘之機，共同維護共同利益。只有這樣，社會才能更好地和諧發展，走向繁榮強盛，企業才能以一個完整、健康、規範的管理體系應對市場，在激烈的市場競爭中，穩步、快速、高效地向前發展。

　　而應用在行銷領域上，則是一旦發現行銷方針有誤，就應該適時的調整步伐，修補發現的問題。否則一味地照著老步調行走，不僅收不到效果，失去行銷的原意，甚至還有可能，喪失先機，就此一敗塗地。這正是行銷人所要體認到破窗效應所帶來的後果。

行銷法則
09 蝴蝶效應
魔鬼存在於細節之中

觀念｜事物發展的結果對初始條件具有極為敏感的依賴性，
　　　初始條件的極小偏差都將引起結果的極大差異。

運用｜一項重要的戰略制定好了，大筆的金錢投入下去，但
　　　一個細節的失誤，可能讓執行失敗。

1979 年 12 月，洛倫茲在華盛頓美國科學促進會的一次演講中提出：「一隻蝴蝶在巴西振動翅膀，有可能會在美國的德克薩斯州引起一場龍捲風」。他的演講和結論給人們留下了極其深刻的印象，從此以後，所謂的「蝴蝶效應」之說不脛而走，名聲遠揚。

產生「蝴蝶效應」的原因在於：蝴蝶翅膀的運動，導致其身邊的空氣系統發生變化，並產生微弱的氣流，而微弱氣流的產生又會引發它四周的空氣或其他系統產生相應的變化，由此引起連鎖反應，最終導致其他系統發生極大的變化。此效應說明：事物發展的結果對初始條件具有極為敏感的依賴性，初始條件的極小偏差都將會引起結果的極大差異。

觀念學習

▶ 長堤潰於蟻穴

中國古代有這樣一個故事：臨近黃河岸畔有一片村莊，為了防止水患，農民們築起了巍峨的長堤。一天，有個老農偶然發現螞蟻窩一下子猛增了許多，老農心想這些螞蟻窩究竟會不會影響長堤的安全呢？他要回村去報告，路上遇見了他的兒子，老農的兒子聽了不以為然地說：「堅固的長堤，還害怕幾隻小小螞蟻嗎？」於是只把老農的話當成耳邊風。沒想到當天晚上風雨交加，黃河的水猛漲起來，河水從螞蟻窩滲透出來，繼而噴射，終於決堤人淹，這就是「千里之堤，潰於蟻穴」這句成語的來歷。

▶ 發不動的汽車

這是一個發生在美國通用汽車公司客服部與該公司客戶之間的真實故事。有一天，美國通用汽車公司的龐帝雅克（Pontiac）部門收到一封客戶抱怨信，上面是這樣寫的：「在每天吃完晚餐後，我們家都會以霜淇淋來當飯後甜點。由於霜淇淋的口味很多，所以在飯後我們會投票決定吃哪一種口味，等大家決定後我就會開車去買。但自從最近我買了一部新的龐帝雅克後，遇到了一個令人煩惱的問題：每當我買的霜淇淋是香草口味時，從店裡出來車子就發不動。但如果我買的是其他口味，車子發動就順得很。為什麼當我買香草霜淇淋時，這部龐帝雅克就發不動，而買其他口味的霜淇淋時它就像一條活龍呢？」

雖然龐帝雅克的總經理對這封信心存懷疑，但他還是派了一位工程師去查看個究竟。工程師安排與這位客戶見面的時間剛好是在用完晚餐後，於是兩人便開車一起去霜淇淋店，當買好香草霜淇淋回到車上後，車子果然發不動了。之後，這位工程師又依約來了三個晚上。第一晚，巧克力霜淇淋，車子沒事。第二晚，草莓霜淇淋，車子也沒事。第三晚，香草霜淇淋，車子發不動。工程師詳細記下了從這種現象發生到現在有關這部車子的種種資料，如時間、車子使用油的種類、車子開出及開回的時間……根據資料顯示，他得出了一個結論：這位客戶買香草霜淇淋所用的時間比買其他口味霜淇淋所用的時間要少。

因為香草霜淇淋是所有霜淇淋口味中最暢銷的口味，所以店家

為了讓顧客每次都能很快拿取，特意將香草口味分開陳列在單獨的冰櫃中，並將冰櫃放置在店的前端；而其他口味則放置在距離收銀台較遠的後端。

現在工程師所要解決的疑問是：為什麼這部車子在從熄火到重新啟動的時間比較短時，就會發不動？原因雖然不清楚，但絕對不會是因為香草霜淇淋的關係，工程師很快地想到，答案應該是「蒸氣鎖」。因為當這名男子買其他口味的霜淇淋時，由於時間較久，引擎有足夠的時間散熱，因此車子重新發動時沒有太大的問題。但是當買香草口味的霜淇淋時，由於花的時間較短，導致引擎太熱而無法讓蒸氣鎖有足夠的時間散熱。

從某種角度來說，購買香草霜淇淋確實和汽車故障存在著邏輯關係，問題的癥結點在一個小小的蒸氣鎖上，這是一個很小的細節，而且這個細節最終被細心的工程師所發現。此處有一正一反兩方面的教訓：一方面，廠家對蒸氣鎖這個細節沒有注意，導致產品出現這種奇怪的故障；另一方面，龐帝雅克的工程師因為注重細節，加上小心謹慎的分析，最終找出了故障發生的原因。

▶ 多倒 1.5 秒的洗衣粉

有一句耳熟能詳的話，叫「魔鬼存在於細節之中」，為什麼細節會成為魔鬼的棲身之地呢？因為人們在工作當中，經常會忽略掉細節的存在，從而讓魔鬼有機可乘。寶潔公司的汰漬洗衣粉在廣告中倒洗衣粉的時間用了 3 秒鐘，而同樣的動作在奧妙洗衣粉的廣告

中僅用了 1.5 秒，結果被消費者誤認為汰漬洗衣粉要倒較大量才能將衣服洗乾淨，這是非常不划算的。正是因為廣告中這樣一處細微的疏忽，使汰漬洗衣粉的銷售和品牌形象都大打折扣。

所以說，在市場競爭日益激烈、日益殘酷的今天，任何一處細節都有可能成為「成大事」或者「亂大謀」的決定性因素。細節是履行職責之源，要想獲得成功，就必須明白「不擇小流方以成大海，不拒杯土方以成高山」的道理。

▶ 下足功夫的麥當勞

風靡全球的麥當勞，在世界 121 個國家中擁有 3 萬家店，它把「品質、服務、整潔、價值」的經營理念，細化貫穿到公司管理的每個環節、每個角落，可以說，點點滴滴的細節管理塑造了麥當勞的卓越品牌。例如，麥當勞為了確保漢堡的鮮美可口，在細節上下足了功夫，精益求精簡直到了苛求的程度：

◆ 麵包的直徑均為 17 公分，因為這個尺寸入口最美；
◆ 麵包中的氣泡全部為 0.5 公分，因為這種尺寸味道最佳；
◆ 對牛肉食品的品質檢查有 40 多項內容，從不懈怠；
◆ 肉餅的成分很有講究，必須由 83％的肩肉與 17％的五花肉混製而成；
◆ 牛肉餅重量在 45 克時，其邊際效益可達到最大值；
◆ 漢堡從製作到出爐時間嚴格控制在 5 秒鐘；
◆ 一個漢堡淨重 1.8 盎司，其中洋蔥的重量為 0.25 盎司；

◆ 如果漢堡出爐後超過 10 分鐘,薯條炸好後超過 7 分鐘,一律不准再賣給顧客;

◆ 牛肉餅的餅面上若有人工手壓的輕微痕跡,一律不准出售;

◆ 與漢堡一起賣出的可口可樂必須是 4℃,因為這個溫度飲用最可口;

◆ 櫃檯高度為 92 公分,因為這個高度絕大多數顧客付帳取物時感覺最方便;

◆ 不讓顧客在櫃檯邊等候超過 30 秒,因為這是人與人對話時產生焦慮的臨界點。

在麥當勞,從原料供應到產品售出,任何行動都必須遵循嚴格統一的標準、規程、時間和方法,全球各地的顧客在世界的不同角落,不同時間,都能品嘗到品質相同、鮮美可口的美式漢堡,因此可以說是精益求精的細節,打造了麥當勞所向披靡的品牌魅力。

▶ 小商品造就大市場

「勿以利小而不為」,只要專心致志地經營、開發,很小的領域也可以成就一番大事業。以小商品贏得大市場的事例不勝枚舉,巴西《聖保羅州報》曾發表過一篇題為「神奇的美國市場」文章,頗有啟發性。文中談道,美國的雜貨市場容量和潛力很大,但巴西卻很少去開發利用,如折疊扇和葵扇,僅香港和臺灣就向美國出口了價值 5 億多美元的製品;又如鉛筆刀,香港僅向美國就出口了 400 多萬美元的貨;又如玩具類,1984 年香港向美國出口的娃娃

玩具服裝達 2,000 萬美元。最初這些產品都被視為微不足道的小商品，然而，現在這些商品意味著幾十億美元的大市場。

老子曾說過：「合抱之木，始於毫末；千層之台，起於壘土；千里之行，始於足下。」為人如是，企業經營亦然。小商品的單件利潤雖然很小，但因為其市場容量大，而且很多原料都是取之不盡，用之不竭的，所以說即使是小商品同樣有發展天地。其次，這些小商品在培育市場、投資開發初期，有著成本低、風險小的優勢，即使不能形成大氣候，也不會像其他大的工程、大的專案那樣，一旦失敗就會讓整個地區的經濟陷入困境，背上沉重的負擔。相反的，一旦這些小商品走出大山，贏得了市場，它的潛力之大，無法估量。

進階思考

「蝴蝶效應」之所以如此令人著迷、令人激動和發人深省，不但在於其大膽的想像力和迷人的美學色彩，更在於其深刻的科學內涵和內在的哲學魅力。從科學的角度來看，蝴蝶效應反映了混沌運動的一個重要特徵：系統的長期行為對初始條件的敏感依賴性。我們也可以用在西方流傳的一首民謠，對執行細節的重要性作形象的說明。這首民謠說：

丟失一個釘子，壞了一隻蹄鐵；
壞了一隻蹄鐵，折了一匹戰馬；

折了一匹戰馬，傷了一位騎士；

傷了一位騎士，輸了一場戰鬥；

輸了一場戰鬥，亡了一個帝國。

　　馬蹄鐵上一個釘子是否會丟失，本來只是初始條件中一個十分微小的變化，但其長期效應卻是造成一個帝國存與亡的根本差別。所以說，細節在很大程度上決定了完成任務的成敗。一項重要的戰略制定好了，大筆的金錢投入下去，但往往因為一個細節的失誤，就有可能讓執行失敗。因此，對於執行任務中的細節，我們沒有理由不去重視。

企業應用

　　無數的事例證明，誰更注意細節，誰就能在競爭中更勝一籌，只有在點點滴滴的細節中累積形成的戰鬥力，才會讓公司在競爭中所向披靡。當你和對手都做到99分的時候，只要你多付出一分努力，把細節做完美，那麼勝利就屬於你了。許多經理人認為自己是領導位階，應該關注公司的發展戰略、把握公司的發展方向等這樣的大事，也只有這樣的大事才能與自己的領導地位相匹配，至於公司日常中的小事情，那不是自己的事。所以他們在絕大多數情況下會對這些「蟻穴」式的小問題熟視無睹。殊不知，許許多多的「蟻穴」都足以釀成大禍，對公司的經營造成巨大的損失。

經理人在日常的經營管理活動中，既要抓「大」，又不能放「小」，要把「大」與「小」辨證地統一到自己的執行過程中去。對於大事，經理人都知道，所以經理人最主要的還是要抓「小」，落實「小」的細節。所謂抓「小」，就是要經理人首先從那些最容易出現問題的方面抓起，抓那些比較薄弱的環節。

　　因此，經理人有必要經常去面對面地過問下屬一些看起來並不是非常重要的事情，甚至有時候還需要經理人親自去拜訪客戶，了解在客戶服務中所會出現的問題。日常管理往往要求各方面都能相互協調，滴水不漏，哪怕是高層領導，即使平日不做具體的小事，也要有敏銳的觀察力，善於洞察秋毫，要能直接把握每個細節在整個系統中所發揮的連鎖作用，切勿因小失大，讓不起眼的小細節捅了婁子。

　　一位管理學大師說過，現代世界級的競爭，即是細節的競爭。細節影響品質，細節體現品位，細節顯示差異，細節決定成敗。在這個講求職業化的時代，細節往往能反映你的專業水準，代表你的公司形象。一個能把小事做細的人，至少是名合格的員工；一個能把細節做到偉大的公司，必定擁有一個傑出的團隊。燦爛星河是無數星星的匯聚，偉業豐功也是由瑣事，小事累積起來的，讓我們不吝從小事做起，把小事做精，把細節做亮！

個人實踐

　　「蝴蝶效應」所要強調的便是「細節」二字，在當今這個競爭激烈的社會上，只有重視每一個細節才能讓你真正立於不敗之地，所以應當提倡「關注細節，把小事做細」的精神。這都是在教育我們日常工作中比別人多思索一點細節，比別人多做一點活，否則任何忽視細節的行為，很可能會有「1% 的錯誤導致 100% 的失敗」的慘痛教訓。

　　細節的實質是什麼？細節實際上是一種長期的準備，從而獲得的一種機遇，細節是一種習慣，是一種累積，也是一種眼光，一種智慧。只有保持這樣的工作標準，我們才能注意到問題的細節，才能做到為使工作達到預期的目標而思考細節，而不會為了細節而細節，不然再注重細節也只是自欺其人。

　　讓我們從腳踏實地，實事求是出發，創造人生財富和價值，因為細節不是空喊出來的，細節就是一種累積的經驗和習慣。因此無論我們從事哪個崗位，都要重視小事，關注細節，把小事做細做透；也只有把小事做好，才能做大事，相信只要我們每個人在自己的崗位上用心做好每一件

事，把自己該做的小事都做好，做細、做透，我們的工作將會做得
更加好。

自我練習

舉出3個身邊曾經出現、適用於蝴蝶效應的例子，並提出解決方案。

行銷法則
10 制約理論
營造品牌形象，幫助消費者選擇

觀念｜行為模式可經由刻意的訓練養成，而在行銷學的領域
　　　當中，「廣告」便是最常用的「制約手段」。

運用｜任何一個企業的形象絕非是永恆不變的，塑造企業形
　　　象還要善於根據企業經營環境的變化，而適時地改變
　　　企業形象。

　　俄國的行為主義心理學家巴卜洛夫（Ivan Pavlov），在研究動物口水的分泌與胃部蠕動的關係時，提出「制約行為」理論。巴卜洛夫原來是一位專門研究消化與血液循環關係的醫學家，於 1904 年因為研究消化系統取得成就，獲得諾貝爾醫學獎。

　　那麼何謂「制約理論」呢？舉個例子大家應該就比較容易懂：以巴卜洛夫的狗實驗為例子，巴卜洛夫習慣穿著實驗用的白衣進入動物房，把狗罐頭倒進餐盤中餵食他的狗，餐盤中的狗食對狗而言就是非制約的刺激，因為不需制約的程式，就可以引發狗流口水的反應，因此流口水此種反應就是非制約反應。可是有一天巴卜洛夫忘了買狗罐頭，當他同樣穿著實驗白衣進入動物房時，他發現狗仍然有流口水的反應，於是巴卜洛夫發現「制約行為理論」的形成，因為狗學到的是實驗的白衣會出現在狗食之前，經過幾次配對之後，小狗會把實驗服與狗罐頭產生聯想。

　　如今「制約理論」可套用在教育、管理、行銷等各方面，該理論的重大意義在於指出行為模式可經由刻意的訓練養成。在行銷學的領域當中，「廣告」便是最常用的「制約手段」。

觀念學習

▶ 重視顧客意見的帕杜農場

　　美國帕杜農場是一家專門為社會提供各種農業副產品的大型農場，農場主人法蘭克把塑造和維護良好的形象，當作爭取顧客的基

本策略，他的經營著眼點始終放在為顧客提供優質的產品和良好的服務。一位顧客在某零售店買了帕杜農場生產的真空包裝雞肉，回家後卻發現雞肉變質了，於是顧客把這隻雞送回那家零售店，該店的服務員立即退錢給他，這位顧客又寫了一封信給法蘭克，把這件事告訴他。過沒幾天，這位顧客收到了法蘭克的回信，信中一再向這位顧客表示歉意，並附有一張供應一隻雞肉的免費兌換券；最後法蘭克還真誠地表示，希望這位顧客多多幫助，使該農場及附屬零售商店，永遠杜絕類似事情的發生。

自此以後，這位顧客除了帕杜農場的雞，再也不買其他農場的雞了，同時，他還把自己的經歷寫成一篇短文，在報紙上發表，這對提高帕杜農場的形象和知名度，起了積極作用，無形中又為帕杜農場贏得眾多的消費者，從而使帕杜農場的產品一直保持較高的市場占有率。根據制約理論，當顧客想起帕杜農場時，想到的就是高品質和周到的服務，而不是食品過期和惡劣的服務態度。當帕杜農場的這種良好形象，在顧客的心目中穩固地存在，它便成為一種向心力，把帕杜農場和它的顧客永久地聯繫在一起。

▶ 加強廣告行銷的可口可樂

可口可樂公司的前任老闆伍德拉夫有一句名言：「可口可樂99.61％是碳酸、糖漿和水，如果不進行廣告宣傳，那還有誰會喝它呢？」1886 年可口可樂營業額僅為 50 美元，廣告費卻為 46 美元；1901 年營業額 12 萬美元，廣告費為 10 萬美元，如今每年廣告費竟

超過 6 億美元。可口可樂的另一句名言便是：「我們賣的是水，顧客買的是廣告」，現在可口可樂甚至已經成為美國精神的象徵，世界各地的人們喝著可口可樂的時候，都會想到奮鬥不息和強大昌盛的美國，這也是制約理論的體現。

▶ 與耐吉緊密結合的喬丹

1993 年 10 月，美國芝加哥公牛隊的超級巨星麥可‧喬丹辭別籃壇的決定，不僅震撼了美國的體育界和社會，還震撼了美國的商業界。受喬丹告退籃壇決定影響最大的，應首推美國耐吉公司，因為該公司全靠這位美國籃球史上最偉大球星的光輝形象進行廣告宣傳，使事業取得長足的發展，每年的銷售額高達 20 億美元。

喬丹突如其來的決定，使紐約交易所耐吉公司的股票跌至 52 周以來的最低點。這就是因為投資人已經把喬丹的形象與耐吉連結在一起，一旦喬丹離開了，自然會危及耐吉的營收，這也是制約行為理論的一種。

▶ 借助對手強大自我

有一家公司則更為巧妙的使用了「制約理論」這一招，這家公司並非借助名人的效應，而是借助競爭對手的效應。大約五十年前，美國有位名叫詹森的黑人創建了一間只有 500 元資產，三名員

工的黑人化妝品公司。可是人們在購買化妝品時，往往是衝著產品的良好聲譽去買的，詹森的小公司根本引不起消費者的興趣。這種情形對於名氣不大的黑人化妝品公司很不利，詹森決定想辦法扭轉頹勢。當時，美國黑人化妝品業中的泰斗是佛雷公司。因此，在詹森生產出一種叫粉質化妝膏的產品後，他決定借佛雷公司的名聲順勢上樓，於是他精心設計了這樣的廣告：「當你用過佛雷公司的產品化妝之後，再擦上一層約翰的粉質化妝膏，將會收到意想不到的效果」。

這種作法讓人感到意外，「這不是用自己的錢給別人做廣告？」可這正是詹森創意的妙處所在，道理很簡單，因為如果你是個普通人，不出意外的話，人們一般是不會去注意你是誰的。可是一旦你和知名人士一起排排站，人們肯定要聽：那個站在知名人士旁邊的人是誰啊？結果天遂人願，這個廣告播出以後，他的粉質化妝膏立刻為人們所接受，因為它是和大家信賴的名牌佛雷一起出現的！佛雷的名譽成了詹森產品的品質保證書，詹森公司產品的市場占有率迅速擴大。接著，詹森公司生產了一系列新產品，經強化宣傳，只用了短短幾年的工夫，詹森便成功地借梯登樓，並毫不留情地上樓抽梯，過河拆橋，將佛雷公司的部分產品擠出化妝品市場，美國黑人化妝品市場遂成了詹森公司的天下。

進階思考

制約理論在行銷廣告上的應用，就像某個企業請一位明星作代

言人，消費者便會將這位明星和其代言的產品連結在一起，喜歡這位明星的人想到他就會感到愉悅，而去消費他代言的產品。這位明星代表「實驗的白衣」，愉悅的心情代表「流口水的反應」，那款產品則是「狗罐頭」。企業也已經普遍注意到，利用人們熟悉和崇拜明星的心理，有意識地把經營產品和服務專案聯繫起來，能更好地引起消費者的注意，進而擴大銷售。所以，在競爭激烈的商場上，借助名人的效應不失為一種提高企業知名度的捷徑，有的請名人做廣告，有的請記者寫文章，有的則獨出心裁地製造轟動效應，其目的就是傳播產品的美譽，用名人刺激消費者的荷包，以達到名利雙收的目標。

企業應用

在商品訊息充斥的年代，制約人們購買某款商品的因素已經不再侷限於「價錢」而已，往往公司形象變得比產品和價格更為重要，尤其是在市場日趨繁榮，競爭日益激烈的今天，良好的企業形象更是企業經營過程中不可多得的無形寶貴資源，能為企業帶來意想不到的結果。以下是塑造和保持企業形象的要點。

▶ 一、樹立良好的企業形象方針

企業形象的塑造，絕不是一朝一夕的事情，對於企業在長期的經營活動中，證明是行之有效、有利於樹立企業形象的各種方針和政策、措施和作法，一定要堅持不懈地貫徹和實施，幫助企業形成

自己獨特的經營作風和風格。

▶ 二、巧妙利用傳媒

在大眾傳播時代，某個媒體發表一篇不利於企業的報導，就可能導致企業陷入困境；或者某個媒體發表一篇有利於企業的報導，從而使企業一舉成功。因此，為了塑造企業形象，企業應該及時地捕捉各種有利時機，透過多元大眾傳播工具，讓顧客和社會公眾認識企業，了解企業產品與服務，更重要的是使社會公眾對企業產生信任感、依賴感。

▶ 三、及早防止形象危機

塑造企業形象要注意防微杜漸，及時地防止造成形象危機的各種因素的滋生。一旦由於某種原因，企業發生形象危機時，企業就應當採取積極有效的公關活動來拯救危機，重新獲得公眾的理解與支持。

▶ 四、適時改變企業形象

杜邦曾是名噪一時的軍火大王，雖然在一戰中，憑靠銷售軍火而累積了巨額財富，卻也換來和平毀滅者的稱號，當時有個社會調查結果表明：「杜邦」是美國人民最憎惡的名字之一。可是二十年後的社會調查顯示，有 79.2% 的人對杜邦公司有好感，可見杜邦在人們心目中的形象已全然改觀。這與杜邦公司的公關活動——重塑杜邦形象是分不開的，杜邦家族讓世人對他們締造了世界最大的化

學工業公司這一事實產生了好感。任何一個企業的形象絕非是永恆不變的，塑造企業形象還要善於根據企業經營環境的變化，而適時地改變企業形象。

個人實踐

　　如何打響自己的名聲、塑立自己的形象，就從平常的「制約開始」。個人形象首先體現在外表上，包括梳什麼樣的髮型、穿什麼樣的衣服、帶什麼樣的眼鏡等，它傳遞給人的是初步的印象。更重要的是外表之下的東西，你的言談舉止和行事風格；也就是說，你說什麼和做什麼對樹立個人形象更為重要。樹立個人形象的原則是要儘量真實，說錯話不要緊，但千萬不要說假話，做錯了事也不要緊，立即承認改正就是。千萬不要隨意說假話，否則很容易自毀形象。最好也不要刻意去做什麼，否則會很累。

　　真實自然最能體現個人形象的特色。千萬不要今天這樣，明天那樣，容易導致自己的形象一段一段破壞掉。打造個人形象要注意連續性，包括穿著打扮、言談舉止、行事風格都要儘量保持前後一致。千萬要記住，穿著打扮遠沒有你說什麼重要，說什麼沒有你做什麼重要。個人形象的樹立關鍵取決於你做什麼，怎麼去做，而且經得起時間的檢驗。千萬不要鑽在自己

所在行業的小圈子中不出來。要有意識地跳出來，將個人形象打出去，開闊眼界和思維。

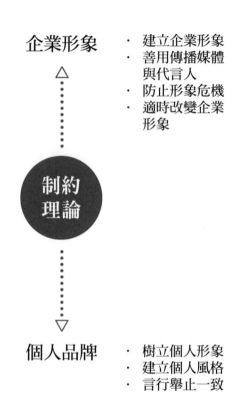

企業形象
・ 建立企業形象
・ 善用傳播媒體
　與代言人
・ 防止形象危機
・ 適時改變企業
　形象

制約
理論

個人品牌
・ 樹立個人形象
・ 建立個人風格
・ 言行舉止一致

▲ 制約理論的應用

行銷小學堂

　　的確，「酒香不怕巷子深」的企業理念已經過時，優良的品質並不能保證產品的暢銷，只有透過廣告行銷建立的品牌形象，才能深入人心持久恒效。

　　廣告是企業和消費者之間溝通的橋樑，那些時髦經典的廣告詞時時刻刻都在刺激消費者的神經，成功的廣告會讓消費者在選擇的時候產生非制約反應，認為廣告做得好、做得響的產品，一定是值得信賴的。例如，擁護民族品牌的消費者在買家電時，便會想到「大同、大同國貨好」；辦公室職員想喝咖啡的時候，就會想到雀巢咖啡；年輕人在買運動鞋的時候，則會青睞於「Just Do it」的 Nike。

　　廣告在資訊社會的今天，業已成為溝通企業與市場、企業與消費者的資訊工具，且已滲透到社會的各個角落，對於企業自身及其產品步入市場，擴大社會影響發揮著非同一般的作用。不言而喻，廣告宣傳就是一種間接宣傳，它必須透過某種媒介如廣播、電視、報紙和網路等向社會公眾傳遞資訊。

　　因此，有人說，廣告就是以適當的資訊，經過適當的包裝，在適當的時機，投入適當的預算，藉由適當的媒體，針對適當的目標受眾所進行的溝通說服行動。簡而言之，廣告就是要找對人，說對話，而且還要說得好。為了要達到這一目標便必須進行嚴密、科學的廣告策劃了。

Chapter 3
想搞好行銷
從管理下手

行銷法則 11　木桶理論

任何一個組織都可能面臨著這樣一個問題，即構成組織的各個部分往往優劣不等，員工也良莠不齊，而劣勢部分往往決定整個組織的水準。這個定律告訴企業管理者，在管理過程中一定要下工夫狠抓最薄弱的環節，在細節問題上投入足夠的熱情和精力，因為決定成敗的正是那塊最短的木板。

行銷法則 12　零和原理

行銷就是要跳出零和，找尋雙贏或多贏。人們開始認識到，勝與敗的結局，不再是幾家歡樂幾家憂，透過有效的合作策略，可以出現雙方皆大歡喜的雙贏局面。

行銷法則 13　帕金森定律

對於一名企業管理者來說，理解這一定律十分必要，它充分揭示了管理機構的這一可怕頑症，分析出組織的機構臃腫、人浮於事、效率低下的原因。特別是多個層級就多層麻煩，因此，你要徹底地消除無意義的管理。

行銷法則 14　手錶定律

當你做決策時，總是覺得掌握的資訊不夠充分，於是急於尋找外部的建議和諮詢，但是當各種建議從四面八方向我們湧來，各種意見相左時，就像多餘的手錶一樣，很容易使我們喪失做出正確決策的信心。所以行銷時，你最好只有一套行動標準。

行銷法則 15　皮爾卡登定理

「在用人上，1+1 並不等於 2，搞不好會等於零。」此定理要傳達的是，當領導者能夠合理安排員工崗位時，企業這個整體就會快速健康地運轉起來；反之，如果安排不合理，員工不能待在恰當的崗位上，他的潛能得不到發揮，企業效率也難以提高。

11 木桶理論

決定成敗的正是那塊最短的木板

觀念｜劣勢決定優勢，劣勢決定生死。任何組織的構成優劣
不等，而劣勢部分往往決定整個組織的水準。

運用｜「天下難事，必做於易；天下大事，必做於細」，下
工夫狠抓最薄弱的環節，想成就一番事業，必須從簡
單的事情做起，從細微之處入手。

　　所謂「木桶理論」，是說一只沿口不齊的木桶，它盛水的多少，不在於木桶上最長的那塊木板，而在於木桶上最短的那塊木板。要想使木桶多盛水，提高水桶的整體效應，不是去增加那塊最長木板的長度，而是要下工夫補齊木桶上最短的那塊木板。根據此核心內容，「木桶理論」還有幾個著名的推論：

◆ 只有所有木板都足夠高時，木桶才能盛滿水；只要這個木桶裡有一塊木板不夠高，木桶的水就不可能是滿的。

◆ 要想提高木桶的容量，最有效也是唯一的途徑是，設法加高那塊最低木板的高度。

◆ 一只木桶能夠裝多少水，不僅取決於每一塊木板的長度，還取決於木板間的結合是否緊密。如果木板間存在著縫隙，或者縫隙很大，同樣無法裝滿水，甚至一滴水都裝不了。

◆ 長板對水桶的貢獻和短板是相同的，但長板多出來的部分對水桶來說是沒有任何貢獻的，而且長板愈長，浪費便愈多。

　　套用在企業管理現場，「木桶理論」也可以做這樣的解釋：任何一個組織都可能面臨著這樣一個問題，即構成組織的各個部分往往優劣不等，員工也良莠不齊，產品更是有明星類、有票房毒藥類，而劣勢部分通常決定了整個組織的水準。

　　劣勢決定優勢，劣勢決定生死，這是商業界最知名的管理法則，也是大部分管理者公司經營的金科玉律。簡單的木桶，蘊含著不簡單的管理理念。

觀念學習

▶ 旅館飯店業的人文關懷

隨著服務業的發展，旅館飯店業的競爭日益激烈，如何才能在激烈的競爭中謀求發展，成為各家飯店的首要任務，「以人為本，人文關懷」也成了從業人員工作的核心內容之一。怎樣才能立於不敗之地呢？

對旅館飯店業來說，「1％的細節決定競爭的成敗」，這個1％指的是「到了旅館飯店就等於回到了家」的服務理念。投入感情，真正把客人當成自己的朋友和親人，處處為客人著想，時時為他們提供方便，使客人生活在一個充滿友善溫暖的大家庭中；這個1％就是把服務做在客人提出要求的前一秒。

善於察顏觀色，揣摩客人心理，預測客人需求，在客人未提出要求之前，替客人想到、做到，使客人在消費中得到一種精神的享受；這個1％就是微笑服務。微笑可說是友誼最佳的橋樑，更是感情服務的主要組成部分，因為客人到飯店，就是要得到高水準的精神享受；這個1％就是溫情的語言，俗語說：「人受一句話，佛受一柱香」，見到客人，一句熱情的招呼，一聲誠摯的問候，會使客人感覺受到了關懷。

這個1％也是恰如其分的體態語言，如果一位客人連續進出旅館飯店，多次聽到同一個字眼「您好」，很容易感到厭煩。員工不

斷變換方式，時而問候，時而微笑，時而點頭示意，便會使客人感到自然。再如，看到客人需要幫助的時候，員工急走幾步，搶上前去提供幫助，客人會感受到旅館飯店的熱情、殷勤、友善、助人。

「細微之處見真情」，所有的服務行業都要用一點一滴的關愛，一絲一毫的服務，讓客人體會到家的感覺，用 1％ 的細節鑄就客人對你的信任，這就是細節的美，細節的魅力。從 1％ 到 100％，很遠也很近，只要我們能夠把握好每個 1％，將可以創造出 100％。

▶ 同盟競爭的國際企業

根據木桶原理，決定木桶盛水量的是木桶中最短的那塊木板，公司亦是如此，而聯盟有利於公司間進行優勢互補，消除自身公司劣態，形成綜合競爭優勢。據聯合國一個研究報告顯示，跨國公司的產品已占全球產品的三分之二，大公司集團都奮力向跨國公司發展，同盟競爭戰略備受青睞。例如，惠普公司與微軟公司透過結盟，惠普給予微軟的作業系統視窗 NT 以支援，而微軟則向公司推薦惠普的網路電腦（NETPC）；英國葛蘭素公司兼併美國韋爾格姆公司；迪士尼公司以 190 億美元收購美國廣播公司（ABC）；瑞士的兩家跨國醫藥集團巴塞爾—蓋吉與桑多士合併等。

進階思考

　　企業管理的過程中，必然存在著許多相關的環節，只有找出制約企業經濟效益提高的某一關鍵環節，把這個問題解決了，其他問題才可以迎刃而解。根據這個核心內容，木桶定律還有兩個推論：其一，只有所有木板都足夠高，木桶才能盛滿水；其二，只要這個木桶有一塊板不夠高，木桶內的水是不可能滿的。

　　我們可以說木桶理論適用於各種企業的各個管理環節，例如在飯店顧客服務的所有環節當中，大部分的服務工作都做得非常好，客人很滿意，但其中有一個環節沒做好，顧客將會拂袖而去，飯店的整體服務效果便會歸零。

　　這個定律告訴企業管理者，在管理過程中一定要下工夫狠抓最薄弱的環節，在細節問題上投入足夠的熱情和精力；否則，企業整體工作勢必受到影響，甚至會將多年的努力毀於一旦。「天下難事，必做於易；天下大事，必做於細」，無論是個人還是企業，想成就一番事業，必須從簡單的事情做起，從細微之處入手。

企業應用

　　對於公司的發展，木桶理論是最恰當的比喻。如果我們把公司當成一只木桶，而把公司經營所需要的各種資源與要素比喻成組成木桶的每一塊木板的話，例如：資金、技術、人才、產品、管理等等，那麼一家公司取得業績的大小，則取決於公司資源中最短缺

的資源和要素。這也正如一根鏈條最薄弱的環節和其他環節一樣承受著相同的強度，如果強度增強，那麼鏈條上最薄弱的環節必然會先斷一樣。也就是說，在公司的銷售能力、市場開發能力、服務能力、生產管理能力中，如果某一方面的能力稍低，就很難在市場上保持長久的競爭能力。

所以我們要理解木桶理論，更要了解木桶理論產生的根源；不僅要認識到短板的危害，更要知道如何尋短、補短和除短。企業管理者對其中的蘊意不但要心知肚明，還應該將其靈活運用到組織管理實踐當中，值得一提的是木桶理論中「最短的木板」是組織中有用的一個部分，只不過它比其他部分差一些，你不能把它們當成爛蘋果扔掉。如果這個弱點嚴重到成為阻礙企業經營運作的瓶頸，管理者就必須採取必要的行動。

木桶理論對企業的經營管理有著重要的指導意義，舉例來說，一家企業的產品、資金、市場都過人一等，唯獨人員素質不高，這時候企業的瓶頸即在於人員素質，企業的整體效益水準也將決定於此。木桶理論同樣存在於企業的決策活動中，企業決策並不是單一行為，往往由眾多決策組成決策體系，管理者在任何時候做出相關決策時都必須進行綜合考慮。

如果僅僅著眼於整個決策體系的一部分，忽略了其他部分，是不可能獲得預期效益的，因為預期能夠從重點部分取得的效益，假若沒有其他方面的配合，可能根本無法實現，或者即使實現了也功

不抵過。企業的經營和決策往往是不平衡的，這一點管理者深有體會，木桶理論應是管理者大腦中經常繃緊的一根弦，存在差別是正常的，但是懸殊必須控制在合理範圍內，否則就會造成人為的瓶頸。

木板高度不一致的時候，水是不可能裝滿的。此時無論木板的長短，對裝水的貢獻是一樣的。	就算高度一致，木板間有縫隙的話，也會影響裝水量。如果縫隙過大，其功效更遠低於左邊的桶子。	最理想的狀況，高度一致、木板間無縫隙。
▶▶ 企業應用 如果公司各方面的資源或能力強弱不一，弱處可能會導致公司無法在市場上保持競爭力。	▶▶ 企業應用 如果公司各方面的資源和能力程度一致，但各資源或部門間的連結鬆散，會導致公司成為一盤散沙。	▶▶ 企業應用 公司各部門、資源，都能發揮最大的功效。
▶▶ 補救方法 針對弱處進行補救，如果嚴重到危害整個公司的運作，則必須快刀斬亂麻。	▶▶ 補救方法 強化橫向溝通，加強各部門間的聯繫、各方面資源的整合。	

個人實踐

公司或個人可以用 SWOT 報告找出短板，並有針對性的修補它，讓公司或個人進入良性的均衡發展。SWOT 是一種分析方法，用來確定公司或個人本身的優勢（strength）、劣勢（weakness）、機會（opportunity）和威脅（threat）。優勢及劣勢分析，主要是著眼於公司自身的實力及其與競爭對手的比較，而機會與威脅分析，則將注意力放在外部環境的變化及對公司的可能影響上。

從整體來看，SWOT 可概分為兩部分：第一部分為 SW，主要用來分析內部條件；第二部分為 OT，主要用來分析外部條件，利用這種方法可以從中找出對自己有利、值得發揚的因素，以及對自己不利、要避開的東西，以此發現存在的問題，找出解決辦法，並明確以後的發展方向，從而將公司的戰略與公司的內部資源和外部環境有機地結合起來。以下討論 SWOT 分析法的三大步驟。

分析內在條件	**Strength** **優勢**	**Weakness** **劣勢**
分析外在條件	**Opportunity** **機會**	**Threat** **威脅**

▶ 步驟一、分析因素

運用各種調查研究方法，分析出公司或個人所處的各種外部環境因素和內部能力因素。它們包括：

◆ **優勢**：有利的競爭態勢、充足的財政來源、良好的公司形象、技術力量、規模經濟、產品品質、市場份額、成本優勢、廣告攻勢等。

◆ **劣勢**：設備老化、管理混亂、缺少關鍵技術、研究開發落後、資金短缺、經營不善、產品積壓、競爭力差等。

◆ **機會**：新產品、新市場、新需求、外國市場壁壘解除、競爭對手失誤等。

◆ **威脅**：新的競爭對手、替代產品增多、市場緊縮、行業政策變化、經濟衰退、客戶偏好改變、突發事件等。

▶ 步驟二、構造 SWOT 矩陣

將調查得出的各種因素依據輕重緩急或影響程度等排序方式，構造 SWOT 矩陣。在此過程中，將那些對公司或個人發展有直接的、重要的、大量的、迫切的、久遠的影響因素優先排列出來，而將那些間接的、次要的、少許的、不急的、短暫的影響因素排列在後面。

▶ 步驟三、制定行動計畫

在完成環境因素分析和 SWOT 矩陣的構造後，便可以制定出

相應的行動計畫。制定計劃的基本思路是：發揮優勢因素，克服弱點因素，利用機會因素，化解威脅因素；考慮過去，立足當前，著眼未來。運用系統分析的綜合分析方法，將排列與考慮的各種環境因素相互匹配起來加以組合，得出一系列公司未來發展的可選擇對策。清楚地確定公司或個人的優勢和缺陷，分析公司或個人所面臨的機會和挑戰，對於制定公司未來的發展戰略有著至關重要的意義。整合現有的資源和考慮開拓新市場的公司，都應該對優勢與劣勢的潛在來源細緻評估之後，再做出決定。

▶ 透過聯盟消除劣勢

其實一間公司或個人做得再好，管理上都有潛力可挖，換句話說，公司或個人都有它的薄弱環節，正是這些環節使公司或個人的許多資源閒置甚至浪費，發揮不了應有的作用。如常見的互相扯皮、決策低效、實施不力等薄弱環節，都嚴重地影響並制約著公司的發展。因此，公司或個人要想做好、做強，必須從各方面一一做到位才行。對於一個木桶而言，存在任何一塊短板，都無法使木桶盛滿水的現象；對於公司或個人來說，任何一塊木板太短，都有可能導致公司在競爭中處於不利地境，最終導致失敗的惡果。

👍 行銷小學堂

　　如今愈來愈多的招聘者強調求職者的「團隊合作精神」，並把它放在與具有優秀的專業知識同等重要的位置，有的公司甚至把這種精神看得比專業知識更重要。這是因為隨著知識型員工的增多，以及工作內容智力成分的增加，愈來愈多的工作不再是僅僅依靠一兩位優秀的個體人才就能完成，而是必須藉由團隊合作來實現。

　　要想使水桶密不漏水，每塊木板之間的縫隙要減小為零。那麼如何讓員工們緊密地抱在起，使他們能夠相互作用、共同發展呢？具體作法如下：

　　一、用信任換忠誠：如果決定要使用某個人，那麼就信任地完全放手讓他去幹；如果對所用的人表示懷疑，那還不如不任用的好。

　　二、消除不滿：挽留員工最有效的措施，就是及時消除員工的不滿情緒，讓他們盡可能全身心地投入到工作中去，而不是為一些小是小非糾纏不清。

　　三、容納不同：團隊為了從多樣性中得到互補的好處，必須具有允許不同聲音存在、表達的度量，這些不同的聲音實際上帶來了開放、磨合、互相砥礪的作用。

　　四、態度公正：團隊工作是一個系統而整體的工作，僅憑幾個人或單方面的工作是不可能完成的，所以說加強團隊意識的培養，是提高戰鬥力的重要前提。

分析因素

建構 **SWOT** 矩陣

制定行動計畫

使木桶的每個縫隙縮到最小的方案
❶ 信任換忠誠
❷ 消除不滿
❸ 容納不同
❹ 態度公正

▲ 以 SWOT 強化木桶的短板

行銷法則
12 零和原理
行銷就是要跳出零和，找尋雙贏或多贏

觀念｜在一項遊戲中，贏為正，輸為負，根據正負相抵消的
原理，遊戲的總成績永遠為零。意即勝利者的光榮，
是建立在失敗者的辛酸和苦澀基礎之上的。

運用｜從「零和遊戲」走向「雙贏」，透過有效的合作、遵
守遊戲規則，可以出現雙方皆大歡喜的雙贏局面。

　　「零和原理」源於博弈論，博弈論的英文名為 Game Theory，直譯就是「遊戲理論」。零和遊戲，顧名思義，就是在一項遊戲中總會出現贏者與輸者，贏為正，輸為負，根據正負相抵消的原理，遊戲的總成績永遠為零。零和原理之所以受到愈來愈多的管理者重視，主要是因為與「零和遊戲」類似的局面在社會的方方面面都普遍存在，也就是勝利者的光榮，往往是建立在失敗者的辛酸和苦澀基礎之上的。

　　進入二十世紀後，人類社會在經歷了兩次世界大戰、經濟高速增長、科技進步、全球一體化，以及日益嚴重的環境污染之後，零和遊戲觀念正被「雙贏」觀念所取代，人們開始認識到，勝與敗的結局，不再是幾家歡樂幾家憂，透過有效的合作，可以出現雙方皆大歡喜的「雙贏」局面。從「零和遊戲」走向「雙贏」，要求各方有真誠合作的精神和勇氣，在合作中不要小聰明，不總想占別人的小便宜，遵守遊戲規則。

觀念學習

▶ 利益均分才是雙贏王道

　　萬獸之王獅子有一天去找獵豹，對牠說，你有速度我有力量，我們一起開展合作，一定能夠更容易、更多地捕獲到食物。獵豹和獅子的合作無疑是一種完美的組合——獅子擁有力量，善於制服獵物；獵豹擁有速度，善於尋找食物。因為是萬獸之王找上獵豹，使

長期受到壓制的獵豹有點受寵若驚，忙不迭地答應下來。為了以示誠意，牠們還締結了聯盟條約，以保障彼此的利益。二者的結合，果然不同凡響，憑著獵豹閃電般的速度，獅子力拔山兮般的力量，牠們有效地捕捉到更大、更多的獵物。面對眼前一大堆肥美的食物，牠們欣喜若狂。按照原先的約定，由獅子實施分配方案。

這時，獅子萬獸之王的傲慢淋漓盡致地表現出來了，牠壓根不將合作夥伴看在眼中，毫不客氣地將食物分成三份，並齜著長長的獠牙對獵豹說：「第一份應該歸我，因為我是萬獸之王；第二份也應歸我，這是我們合作我所應得的；至於第三份嘛，我們可以公平競爭，不過你是聰明人，你應該知道，要是你不趕緊滾開，把它讓給我的話，恐怕你就要大禍臨頭，成為我的第四份晚餐了。」最後的結果，我們不難想像，獅子獨吞了所有食物，並厚顏無恥地把它的合作夥伴——獵豹趕跑了。從此，萬獸之王獅子只能形影相弔，再也找不到合作夥伴了，當然也很少找到如此肥美的食物了。

獵豹和獅子的合作在企業行為上就叫作「競合」，即以雙贏為出發點，能力不弱的兩家（或兩家以上）公司互相合作、共擔風險、共用利益，這種更深遠意義上的「團隊意識」，已經成為各家公司不爭的共識。不過，實現成功的「競合」必須遵守一個前提：利益均分，而非一方獨享。

▶ 跨國公司的戰略聯盟策略
當今時代，不是你輸就是我贏的遊戲規則已逐漸退出商業舞

臺，商場中的競爭不再是「你死我活」，相反的「共存共榮、相互合作、相互促進」的新型理念已深入人心。與下屬、與員工、與競爭對手、與兄弟公司之間都應該發展成為合作夥伴的關係，這是時代對企業管理者的要求，也是企業發展的必然趨勢。

跨國公司的戰略合作聯盟就是追求雙贏的有效方式，是自發的、非強制的聯合，各方仍舊保持著自身公司經營管理的獨立性和完全自主的經營權，彼此之間藉由達成各種各樣的協議，結合成一個鬆散的聯合體。世界上最早的跨國公司戰略合作聯盟是，1979 年美國福特汽車公司和日本馬自達汽車公司結成戰略合作聯盟。據估計，當時透過產品開發、採購、供應和其他活動全球化，合作聯盟每年至少可以省下 30 億美元；更為重要的是，戰略合作聯盟的形成使企業之間在產品開發、科學研究、生產製造、產品銷售和售後服務等方面，充分利用寶貴資源以達到戰略目標；在增加收益的同時減少風險，戰略聯盟具有協同性，能整合聯盟中分散的公司資源凝聚成一股力量。

特別是在分擔風險方面，使企業能夠把握伴有較大風險的機遇，加強合作者之間的技術交流，使他們在各自獨立的市場上保持競爭優勢。與競爭對手結成聯盟，可以把競爭對手限定到它的地盤上，避免雙方投入大量資金，展開兩敗俱傷的競爭。藉由聯盟亦可獲得重要的市場情報，使行銷領域朝縱向或橫向擴大，使合作者能夠進入單方難以滲透的市場，有助於雙方銷售的增長。

由於許多聯盟形式不含有稀釋股權的投資，因而有助於保護股東的權益。一旦戰略聯盟管理有方，合作雙方將比單方自行發展具有更廣闊的戰略靈活性，最終可以達到雙贏。在技術方面，隨著技術發展的加速，各公司研究與開發資金日益緊縮，競爭對手之間可憑合作達到削減研究與開發成本，分攤風險而獲得相互支援的目的，並將協作的範圍從實驗室擴展到試製和銷售過程中，這將是利用較少資金保持技術優勢的一個主要途徑。

▶ 競合關係帶來的經濟效益

　　隨著技術變得日益複雜，在某些重大開發項目上，沒有一家公司可以單獨包攬所有事情，IBM、西門子和東芝這三家世界上最大的電子公司做不到，甚至獲得巨額利潤的世界最大晶片製造商英特爾公司也做不到。英國電腦公司 ICL 如果沒有與富士通公司進行合作，就不可能開發新一代的主機系統；摩托羅拉如果沒有東芝公司的分銷能力，將難以打入日本的半導體市場。生物製藥領域的葛蘭素公司與史克公司聯盟的重要原因，就是要達到新組建的葛蘭素史克集團，能在三年內每年節省研發成本 10 億英鎊的目標，同時將在全球醫藥市場的份額提高到 7.5％左右，從而實現企業資源 1+1 大於 2 的經濟效果。

　　惠普和擁有世界雷射印表機 70％市場的佳能公司合作也很成功；佳能負責將墨噴在紙上的機械部分，惠普管軟體、微控制器、用戶調查和市場管理。雖然佳能和惠普在低價噴墨印表機市場上競

爭激烈，但其合作還是堅持了下來。競爭對手之間的協作前提是，企業間的相互信任和存在相互信任的利益基礎，即如果合作研發不是出自根本需要，那麼合作可能失敗。

另一個關鍵是要承擔責任；日立公司的總經理說：丟掉「人多力量大」的想法吧，同許多不負責任、不能帶來任何東西的公司簽約，並不能搞出什麼發明。在商界，沒有永遠的敵人，也沒有永遠的朋友，只有永遠的利益。如果靠自己的力量難以實現夢想，不妨大膽邁出合作的步伐，但要牢牢記住的是，無論競爭還是合作，都是為了利益，競爭中的合作是為了雙贏。

▶ 亨氏公司開創員工的樂園

馳名全球的亨氏公司的創始人亨利‧約翰‧海因茲，是一位樂於和員工分享快樂的成功企業家。在他的企業中，員工的積極性和主動性都非常高，甚至比他還熱愛企業，在這樣的企業中工作，人人都能感受到彼此間的友愛和超強的團隊凝聚力，亨氏公司之所以具有如此強勁的凝聚力，其主要原因就是，海因茲善於且樂於與員工分享快樂。

有一次海因茲外出旅行，大家對他說：「好好玩一玩，你太累了，一年到頭也難得輕鬆那麼一回」，但沒幾天，他就回來了。

「怎麼這麼早就回來了？」同事們好奇地問他！

「你們都不在，沒有多大意思……」他對大家說。

接著，他指揮一些人在工廠中央安放了一只大玻璃箱，員工們納悶地過去看，原來裡面有隻大鱷魚，重達 800 磅、身長 14.5 英尺、年齡為 150 歲。

「怎麼樣，這個傢伙看起來還好玩嗎？」

「好玩！」，許多人都說從來沒有看過這麼大的短吻鱷。海因茲笑呵呵地說：「這個傢伙是我佛羅里達之行最難忘的記憶，也令我興奮。請大家工作之餘，一起與我分享快樂吧！」亨氏公司的勞資關係被認為是全美工業的楷模，被譽為「員工的樂園」，愉快的老闆肯定會有愉快的企業，愉快的企業肯定都是高效的企業，管理人員有快樂時，千萬不要忘了與員工一起分享。

進階思考

在我們的日常生活當中，到處都是零和遊戲的影子，可以說它廣泛地存在於生活中的方方面面，比如說，人們大肆開發利用不可再生資源，留給後人的便愈來愈少；科學家們研究生產了大量的基因改造產品，一些新的病毒也跟著冒出來等等。隨著時代的進步和觀念的發展，人們正逐漸擺脫零和遊戲原理，朝著雙贏方向邁進。對於企業來說，遵循和掌握雙贏法則至關重要。雙贏法則就是「我贏你也贏」，即讓你的客戶、供應商、銷售商、員工乃至顧客都成為贏家，而不是整天想著利益獨占，所以雙贏法則也包含多贏法則。

遵循雙贏法則，實際上是要求企業必須樹立這樣的觀念：要共

同向市場要錢，而不是向合作者要錢。市場中必然存在激烈的競爭，但更重要的是合作，任何企業都不可能包打天下，都需要多種合作者，合作可以發揮整體效應，增強競爭能力。要想與人順利合作，必須讓別人也贏才行。只想自己贏，不讓別人贏，永遠都不會擁有真正的合作夥伴，這樣的企業遲早會自食損人利己的惡果。利己不必損人，讓別人有賺頭，自己才會有賺頭，這就是雙贏法則的真義之所在。

競爭活動本身就屬於一種雙贏，天下事，依賴分工合作、你追我趕而共存共榮。有競爭，才表明你所從事的經營是有前途的；有競爭，你才能知道怎樣充實自己的力量，取人之長，補己之短。這是一個競爭的時代，不要嫉妒別人，更別想讓所有的競爭者全部消失，否則，你的企業也就離終點不遠了，因為沒有來自於競爭對手的激勵，企業便會從上到下失去生機和活力。

這個世界是「瞎子背跛子」共同前進的多贏時代，「雙贏」是一種策略，也是一種藝術，多懂得一些生活中的「雙贏術」，自己獲得收益的同時，也給別人帶來益處。事物是相互消長、互為因果的，人們常因建設自己而造就別人，又因別人的造就而改變自己，在這種改變中不能忘記的是它的初始。頑固地堅持利己主義，只

會導致不可逆轉的分裂。互相敵對和互相損害，意味著共同的失去，而共同努力、共同協作，才能得到共同的好處。

企業應用

市場經濟發展到今天，所謂「同行是冤家」的狀況，與以往大不相同，在競爭趨於平等的情況下，這已是一個「個人英雄難產」的年代，對個人是這樣，對企業也是一樣，團隊精神在時下各企業都是一個不爭的共識。在講究雙贏的時代背景下，企業要得到市場的認可，就必須具備強大的實力，包括企業的經濟實力、技術、服務等諸多方面的因素。

隨著現代企業之間競爭愈來愈激烈，處於同一行業的兩家或多家公司往往存在共同的敵人，尤其是那些市場份額相對較小的公司，如果不聯合起來的話，很可能被一家大公司逐個擊破。競爭對手相互合作並不一定就是為了對抗另一個對手，有時這種合作是行業的共同利益所致。

總而言之，「競合」是競爭的高級階段，也是競爭的必經階段，實現競合對於企業來說是一件大好事，但在進行競合時，管理者需要注意如下幾點：

◆ 合作雙方願意拿出來用於共用的知識，一般都是各自的非核心技術，並且甲方的非核心技術正好是乙方所需要的，乙方的非核心技術正好是甲方所需要的，形成互補才能成功。

◆ 雙方共用的技術或產品，在各自優勢的市場區域不存在激烈
競爭。

◆ 合作雙方的實力、規模不能存在過大的差異，否則是很難合
作成功的。

◆ 合作雙方的主打產品最好分屬不同的領域，以免造成相互間
的惡意競爭。

個人實踐

雙贏，將教會一個人「自為自師」，因為問
題的答案，不在別的地方，恰恰就在問題之中。
我們從小到大習慣於依賴，依賴使被依賴者愈來
愈強，而依賴別人的人只能愈來愈弱。這形成了
一個奇怪的輪迴，曾經的依賴者期待擁有權利名
聲金錢地位，讓別人圍著自己轉，依賴自己。可
能他有一天會成功，但他終究只能依賴更有權
利、更有名聲、更有金錢、更有地位的人，便是這種依賴讓這個社
會變成了階級社會，讓各個階級之間無法雙贏。我們從小到大都在
這依賴的奇怪輪迴中，而在這個奇怪輪迴中，我們無法真正為人服
務，也就無法實現「為人即為己」的良性循環。

依賴別人，並非真正喜歡他、愛他，而是要從他身上得到。那
怎麼可能讓自己真正歡喜？怎麼可能讓他真正歡喜？如同一個人求
職的時候只想自己能獲得什麼，不想自己能付出什麼，那怎麼可能

讓公司滿意，公司不滿意，自己也不可能滿意。然而，比這種情感上依賴更深刻的是精神上的依賴，我們不去看清楚，不去自己睜開眼睛，卻只是聽別人描述，讓別人支配我們的路，這是最要不得的。

喜歡在精神上奴役別人的人，自以為聰明智慧而戲弄別人的人，藉由讓別人依賴自己獲得權利地位的人，他自己也會陷入依賴的輪迴，因為他無法透過自己的精神得到滿足，事實上他自己並不相信自己，否則不會期望透過別人的言聽計從來證明自己。他生活在一個虛偽的世界中，比一個正常人更無法看清自己，陷入其中，無法自拔。

所以，我們要做自己的眼睛，要走出所有別人的催眠，自己看自己的現實，這並非說我們不可以和別人交流思想，但任何思想都無法取代現實，任何思想都僅僅是現實的影子，都無法阻礙我們睜開自己的眼睛看世界。就是這麼簡單，只要獨立自主去看，卻又不迷信自己，就可以走出自以為是的思想。而如果能始終堅持持續深入的觀察，那麼我們將可以做自己的老師。因為自己的現實，就是自己的老師。

行銷小學堂

　　打破「零和」，建立「雙贏」。雙贏，就是交往的雙方都能受益，都為贏家。透過各方面的交流與合作，實現優勢互補，不單使自身獲得發展，同時促進對方的發展。從一定意義上說，人與自然的和諧發展也是雙贏，既發展了生產力，又保護了環境、節約了資源。多贏，是多個雙贏的組合，以雙方合作帶動多方合作，以多方合作深化雙方合作。共贏，就是把雙贏、多贏擴展到更大的範圍，實現不同社會群體之間乃至國家與國家之間的共同發展。

　　在社會化大分工的現代社會，不同社會成員之間的聯繫愈來愈緊密，相互的依存度愈來愈高。雖然相互之間也有競爭、有矛盾，但競爭和矛盾不應該妨礙合作。那種只顧自己甚至損人利己的作法，往往只會製造對抗、破壞合作，最終也將孤立和損害自己，而謀求雙贏、多贏、共贏，則顯示了正確處理人與人之間、人與社會之間、人與自然之間，以及國家與國家之間關係的智慧與途徑。

　　只有以廣闊的胸襟、包容的精神，把追求和關注自身應有的利益同尊重和顧及對方、多方，直至所有各方合理的利益統一起來，在擴大共同利益中拓展自身利益，在競爭比較中取長補短，在統籌兼顧中協調相互關系，最大限度地利用一切積極因素、化解各種不利因素，才能促進和諧相處、共同發展。

行銷法則
13 帕金森定律
多個層級就多層麻煩，你要消除無意義的管理

觀念｜不稱職的人一旦占據領導崗位，整個行政管理系統就
　　　會形成惡性膨脹，陷入難以自拔的泥潭。

運用｜透過組織扁平化，賦予員工足夠的自由，以及對自己
　　　的成功與失敗負責任的權力，藉此激發積極性，也分
　　　辨出那些不適合迎接這個世界級挑戰的舊領導人員。

1957 年，英國著名歷史學家諾斯古德‧帕金森博士在馬來西亞度假時，產生了這樣的感悟：「一位不稱職的官員或管理者可能會選擇三條出路：一是申請退職，把位置讓給更能幹的人；二是讓一位能幹的人來協助自己工作；三是聘用兩個水準比自己更低的人充當自己的助手。」

明眼人一看就知道，第一條路是萬萬走不得的，如此一來，他會喪失很多權力；第二條路也不能走，因為能幹的人無形中會很快地成為自己的對手，與自己形成競爭關係。看來，只有第三條出路可以走了。於是，兩個沒什麼能力的助手分擔了這位官員的工作，他則高高在上，對兩個人發號施令。在此過程中，官員的處境是安全的，因為兩個手下不會對他的權力構成威脅，然而，兩名無能的助手，必然會上行下效，再為自己找兩個更為平庸的助手，以此類推，就形成了一個機構臃腫、人浮於事、效率低下的領導體系。

帕金森博士悟出了這個定律後，將自己的思考結果發表在倫敦的《經濟學家》期刊上，並出版了《帕金森定律》一書。後來，人們就把他的度假感悟稱為「帕金森定律」，此定律深刻地說明了組織中腐敗官僚體制的原因和後果。帕金森定律是一條官僚機構自我繁殖和持續膨脹的規律，它充分揭示了管理機構的這一可怕頑症，已經被廣泛運用到現代社會中的各個方面，其在管理學方面的作用尤其引人關注。

對於一名企業管理者來說，理解這一定律十分必要，因為它不

僅對企業內部的用人方面意義重大，還對整個組織的效率有著顯著的影響。在分析組織的機構臃腫、人浮於事、效率低下的原因時，帕金森指出，人員的晉升機會與機構增加成比例，所以人們總是希望多增機構。

觀念學習

▶ 不長進的企業架構

有一位企業經理A，當他感到工作太忙或自我感覺太累時，便向組織要求增加人手，因為他認為用提高工作效率這一辦法是不划算的，他一般不會讓與自己能力相當的員工B協助自己工作，因為日後如有晉升機會，B必然會成為他的競爭對手；他也不願意只請一位C做助手，因為時間一長，C就有可能成為B的角色，對自己的勢力構成威脅；最有利的作法是，同時採用C和D做助手，把工作分給C和D兩人承擔，讓兩人相互制約和牽制，這樣A就可以高枕無憂，掌控全局。

當有一天，C感到自己的工作太忙了，他跑去向A抱怨；A出於經驗也給C配上兩個助手。在C有兩名助手時，由於D與C的地位相當，為了避免矛盾，A也得照樣給D配兩名助手。這樣一來，原來A一個人做的工作，變成了一個以A為首的7人塔型三級組織來做了；A的晉升，也成為水到渠成、指日可待的事。

▶ 扁平化組織的通用電氣

為適應世界經濟競爭和公司規模擴大的形勢，通用電氣公司的組織機構幾經改革。二十世紀五〇年代初，通用電氣採取了一些措施，使低級管理環節（即生產部門）的許可權有所擴大，但這一舉措也造成許可權過於分散的弊端，使機構重疊、複雜。二十世紀六〇年代，通用電氣又重新集中了某些職能，加強了參謀部機構的作用，取消了一些中間環節，特別強調大力發展戰略計畫制度。二十世紀七〇年代初的改組，主要任務是加強長期計畫的作用，在生產集團、部門一級建立 43 個戰略計畫中心，專門從事研究新產品、擴大投資、吞併其他公司，以及消除某些產品虧損等專案。

毫無疑問，通用電氣從二十世紀六〇年代的分權管理，到二十世紀七〇年代的戰略性計畫制定，管理制度的演變適應了公司不斷擴大的規模和經營多樣化的發展，給公司帶來了極大的利益。然而，所有這一切努力並沒有從根本上防止通用電氣染上大企業病。

就公司的組織機構設置情況來看，1980 年通用電氣公司由 64 個事業部組成，從上到下最起碼設有五個管理層次，即「公司—區域部—事業部—事業分部—工廠」。如果再細細地深入考察各個管理層內部的組織系統，管理層次更多。由於機構龐大、層次多，公司的力量很難凝聚，決策和貫徹過程複雜、歷時長，難以適應瞬息萬變的市場競爭的需要。

每位員工似乎都擁有某項經理的頭銜，當時，通用電氣共有員

工 3,240 萬名，其中 25 萬人擁有經理頭銜，有 500 名被稱作高級經理，而另 130 名則為副總裁或是更高的頭銜。於是通用電氣便有了一大群管理人員，除了閱讀報告和監督別人工作以外，他們幾乎不做別的事情。這樣的管理體系似乎保證了通用電氣按部就班地運行，但同時也意味著管理人員整天應付堆積如山的文字工作和忙於向上級推銷自己的報告與計畫。

後來通用電氣的負責人傑克·威爾許下定決心，要徹底剷除官僚主義，消除層層繁複的管理層級，他把這個過程稱為「組織扁平化」。扁平化機構，就是把員工從這樣的機制中解放出來，賦予他們足夠的自由，以及對自己的成功與失敗負責任的權力。只有這樣，員工的積極性才能夠被調動起來。為了做到這一點，威爾許進行了一系列改革，比如把以前由公司壟斷的戰略規劃和戰略決策權下放到各個事業部，堅決清除任何橫亙於各事業部之間、事業部與 CEO 之間有效溝通的阻礙等。

就這樣，公司對業務運作的控制力依舊微妙地存在，不同的是人們相互之間的溝通變得容易多了。組織扁平化的直接效果是有效地控制了成本，此外，公司的管理也因此得到了極大的改進。溝通的速度也明顯加快，本來應該屬於各個事業部的獨立控制權和獨立責任權，都得以物歸原主。除此之外，組織扁平化還帶來兩個巨大的好處；首先，最高管理層級的剔除，為整個公司樹立了精練、敏捷的最佳榜樣；其次，透過組織扁平化這場運動，企業分辨出了那些不能夠與之共同分享價值觀的領導人員，這些價值觀包括直言

不諱、面對現實等。組織扁平化這場運動使那些消極抵抗者逐一曝光，他們或許適合於上一年代，卻絕不適合這個迎接世界級挑戰的新時代。在實行組織機構扁平化多年之後，威爾許確信自己做對了。

1997年，威爾許在某次談話中指出：「當我們清除了那些過多的層級後，擋在我們之間的隔閡突然間消失了。這時，我們發現自己是如此地靠近事情的真相。多一個管理層級，就多一層麻煩，現在的一切是多麼的不同。如果德里需要什麼東西，直接給我發傳真，就這麼簡單！」經過這一系列的改組，通用電氣的主要決策層由過去的五個層次減少到三個層次，形成了「公司－產業集團－工廠」的三級管理體系。各個層次的管理許可權和責任都很明確，分別是投資中心、利潤中心和成本中心。

參與決策的人過多，沒有效率

分層明確、溝通快速、行動力強

後來的結果大家都看到了，威爾許的扁平化戰略收到了很好的效果，通用電氣的管理變得愈來愈有效率，公司的生產力也隨之逐步提高。事情有時就是這樣：不妨試試看，或許你會受到傷害，但是你最終會發現，它值得你去付出努力，因為它確實能達到精簡高效的目的。

進階思考

威爾許經常說：「多一個管理層級，就多一層麻煩。現在我們要徹底地消除那些沒有意義的管理層級，根除所有的官僚主義，讓我們的企業更加高效地運轉。」反映出他對官僚主義深惡痛絕，其認為：官僚主義和官僚應該受到指責，並將其早日清除。

我們必須培養出對官僚主義發自內心的憎惡，不管它是存在於我們的企業之中，我們的政府之中，還是我們的制度之中，因為官僚主義不變的議事日程抗拒變化、壓制溝通、浪費大腦和精力。官僚主義使企業經營相互扯皮，把注意力集中在自己身上而不是顧客身上；它導致人心渙散，切斷好的創意與生產性活動的聯繫，它只有利於那些控制著做出貢獻者的人，它扼殺生產率增長。

企業應用

帕金森進而提出，1 個人做的工作由 7 個人來做，比 1 個人做時還要忙，因為 7 個人之間將形成很多牽制關係，製造出許多新工

作，7個人都會顯得很忙。這樣就形成了人浮於事、機構膨脹、效率低下的局面。機構、人員膨脹是提高企業效率、降低成本的大敵，這一頑疾存在於任何一種形式的企業之中，就連看似管理先進、組織嚴密的國際性大公司也不例外。

▶ **人員膨脹的主要原因**

要想防止、抑制機構與人員膨脹的發生，需要深入了解膨脹產生的原因，然後才能夠採取一系列的科學手段來預防治理。大致說來，造成企業機構與人員膨脹的主要原因有以下幾點：

◆ **管理者的虛榮心在作怪**：機構、人員膨脹，來源於管理者想以機構數量顯示企業或部門的強大，想以下屬人數顯示自己權力大小的自然衝動。

◆ **企業機構設置不科學**：為了顯示機構的龐大，設立了很多職能部門，導致企業頭重腳輕，職能重疊，資源浪費。

◆ **缺乏合理的管理制度**：企業的用人標準、部門職責、員工責

任等等，沒有以制度的形式確定下來，招聘人員時缺乏依據，招非所需，造成人才浪費。

◆ **人事部門不作為**：企業人事部的重要職能之一，是根據企業的發展和需求實施招聘計畫。人事部門缺乏科學的人才招聘計畫，就會對企業各部門的人員有求必應，盲目進行招聘，從而導致員工數量大增，工作效率卻異常低下。

◆ **缺少獨當一面的人才**：在競爭激烈的當下，高素質人才的短缺，使得企業經營環境稍有變化，就不得不招聘新人，形成十分被動的局面。

◆ **對人員成本沒有預算計畫**：很多企業，特別是特殊行業和壟斷行業的公司，資金雄厚，經理們都希望增加自己的從屬人員，在這種情況下，如果企業沒有嚴格的薪資預算計畫，急於擴大部門規模的衝動就無法得到遏制。

▶ 人員膨脹的檢測方法

當然，如果企業是因為發展所以壯大，那是值得欣喜的。分清企業是規模擴大還是機構膨脹，不僅可以幫助管理階層少走許多彎路，還可以使企業早日走出效率低下的泥潭，卸下包袱，輕裝前進。那麼，管理者怎樣判斷自己的企業機構到底是規模擴大，還是機構膨脹呢？我們可以從以下三大方面來進行檢測。

一、了解企業是否出現如下症狀：

各種會議不斷，決策難定難行，部門與部門之間意見不斷，領

導者用於處理人際糾紛的時間大大超出正常工作時間，小道消息滿天飛，領導者布置的任務不能按時完成等等。

二、管理者在企業內部開展如下調查：

◆ **機構設置方面**：調查企業內部有無重複職能的部門？調查是否頭重腳輕？調查總共有多少管理層次？調查每個層次有多少員工數？

◆ **權責分配方面**：調查各部門員工對自己的職責是否清楚？調查員工認為上級授權充分嗎？調查同一工作所涉及部門與人員有多少？調查有沒有既無責也無權的人？

◆ **命令系統方面**：調查系統中是否「政出多門」？調查命令能否暢通無阻到達執行者？

◆ **溝通系統方面**：調查企業各部門之間是否互相了解？調查管理層與員工的思想交流狀況如何？調查員工們的人際關係融洽與否？

◆ **工作分配方面**：調查企業內部從事同一性質工作的人員，其工作量分配是否合理，工作量飽和嗎？調查工作量不飽和的是哪些部門，以及哪些崗位？

◆ **員工素質方面**：調查員工素質是否滿足工作職位要求？調查員工的敬業精神如何？調查員工的整體業務素質狀況？

◆ **工資預算方面**：調查企業有沒有制定工資預算？調查預算編制的依據是否合理？如果有預算，調查是否經常會超支？

三、對離職員工及企業客戶進行調查：

這兩類人對企業各方面的看法有時更接近於事實。由於種種原因，在職員工會對公司的調查表現出一定的防範心理，這種心理會使調查結果的真實性受到一定程度的影響，離職員工由於已經離開該企業，只要願意接受調查，一般情況下會流露其真實的看法。

對離職員工的調查可以圍繞以下幾點進行：企業效率、人際關係以及對管理層的看法等。對客戶的調查也很重要，客戶是企業形象的一面鏡子，客戶對企業的看法一般來說都比較客觀。對客戶的調查，可重點圍繞企業效率及員工素質進行。

個人實踐

帕金森對於機構人員膨脹的原因及後果作了精彩的闡述，但機構膨脹的問題又該如何解決呢？要尋找解決之道，首要的前提在於了解這個定律，所謂定律，無非是對事物發展的客觀規律的闡釋，而規律總是在一定條件下起作用的。那麼「帕金森定律」發生作用的條件有哪些呢？

首先，必須要有一個團體，這個團體必須有其內部運作的活動方式，其中管理佔據一定的位置，這樣的團體很多，大的來講，各種行政部門；小的來講，只有一個老闆和一個雇員的小公司。其次，尋找助手的領導者本身不具有權力的壟斷性，對他而言，權力可能會因為做錯某事或者其他的原因而輕易喪失。第三，這位領導

者對他的工作來說是不稱職的，如果稱職就不必尋找助手。這三個條件缺一不可，缺少任何一項，就意味著帕金森定律會失靈。可見只有在一個權力非壟斷的二流領導管理的團體中，帕金森定律才起作用。

那麼在一個沒有管理職能的團體：比如興趣小組之類，不存在帕金森定律描述的可怕頑症；一個擁有絕對權力的人，他不害怕別人攫取權力，也不會去找比他還平庸的人做助手；一個能夠承擔自己工作的人，也沒有必要找一個助手。

帕金森定律告訴我們，從事企業經營管理工作的人要從自己身上找問題，並反思領導體系的效能，找出領導效率低下的原因，解決問題，選配能人，建立一個精幹高效的領導體系，這樣的火車頭才能帶動火車跑得更快。

👍 行銷小學堂

　　「帕金森定律」告訴我們這樣一個道理：不稱職的行政首長一旦占據領導崗位，龐雜的機構和過多的冗員便不可避免，庸人占據著高位的現象也不可避免，整個行政管理系統就會形成惡性膨脹，陷入難以自拔的泥潭。這樣就會在官場中形成類似鮮花插在牛糞上的現象，鮮花就好比是那些公司中的領導職位，牛糞就是那些公司中平庸的領導者，而這種鮮花插在牛糞上的危害是極其大的。

　　想解決帕金森定律的癥結，必須把管理單位的用人權放在一個公正、公開、平等、科學、合理的用人制度上，不受人為因素的干擾。最需要注意的是，不將用人權放在一個可能直接影響或觸犯掌握用人權的人的手中，問題才能得到解決。帕金森定律並非是老調重彈，缺乏新意，這個定律把我們一些行政機關用人現狀刻畫得入木三分。

　　一些心術不正的首長，以權謀私，舉賢不避親，竟把那些缺乏基本業務素質的親屬故舊，或欺上瞞下，或弄虛作假，或交換提攜弄到自己所任職掌握的部門。於是乎，皇親國戚一個個執掌了印信，親屬嫡系一個個占據著要害崗位，而一個個有能力的幹才，或因有些野心，或因有些真本領氣焰有點囂張，而受到輕用、不用，甚至倍受壓制，其結果，幹的不如看的，看的不如搗蛋的。一個私欲膨脹的行政首長，為一個個低能兒開啟了大門，卻把一批批有為之人拒之門外，於是平庸戰勝了才俊，牛糞得到了鮮花。這樣的下場對企業組織來說，會是多麼大的傷害啊！

自我練習

現在就著手為你的公司／部門進行人員膨脹檢測，評估是否有必要進行「組織扁平化」？如果確定要扁平化機構，最急迫的環節將要從何下手？

_____

_____

_____

_____

_____

_____

_____

_____

_____

_____

_____

_____

_____

_____

行銷法則
14 手錶定律
行銷時,你最好只有一套行動標準

觀念 | 當做決策時,會尋找外部的建議和諮詢,但各種意見相左時,很容易使我們喪失做出正確決策的信心。

運用 | 領導者必須不斷給團隊制定具備科學性、實用性、超前性的目標,這樣才能超越對手,走在市場的前面。

如果你只有一隻手錶，那麼你可以知道現在是幾點；如果你擁有兩隻或兩隻以上的手錶，就無法確定現在是幾點，兩隻手錶並不能告訴你更準確的時間，反而會讓你失去準確判斷的信心，這就是手錶定律。在生活中，也許你有過這樣的體驗，當你給個人或企業做決策時，總是覺得掌握的資訊不夠充分，於是急於尋找外部的建議和諮詢，而且總覺得諮詢的人士愈多，做出的決策就愈科學。

但是當各種建議從四面八方向我們湧來時，卻頓時感覺大腦一片混亂，於是只能中庸地綜合一下各種意見，做出一個讓大家都滿意但不一定合理的決策。當各種意見相左時，就像多餘的手錶一樣，很容易使我們喪失做出正確決策的信心。手錶定律給我們帶來這樣的啟示：不能同時確定兩種不同的目標。

觀念學習

▶ SONY 公司不給夢想只給目標

盛田昭夫是日本著名企業 SONY 的創始人，他在國際上的盛譽與 SONY 公司相得益彰，是日本聲望很高的企業領導人之一。在學生時代，盛田昭夫就知道某名牌電子廠商，在一家學校建起了規模龐大的實驗室，並採用最先進的設備，提供科學家安逸舒適的工作環境，滿心指望他們做出些令人震驚的成就，但是很失望，科學家們連一項發明都沒做出來。盛田昭夫創立 SONY 之後，他逐漸了解，在產業界除了理論背景和前瞻性的研究發展之外，最重要的是

樹立一個集中全力追求的偉大目標。SONY 公司在盛田昭夫的管理下，巧妙地將基礎科學和應用科學緊密有機地結合在一起，共同為實際開發服務。

例如，SONY 公司創辦人之一的井深大決定「製造一部答錄機」時，公司研究開發人員對錄音帶的製造、答錄機的結構一無所知，甚至連答錄機都沒有見過，這聽起來簡直有點荒唐。但 SONY 開發人員硬是研製出來了，他們把基礎科學和應用物理、應用化學這些具體知識融合在一起，由基礎研究走向應用研究，從每一個部件著手，潛心研究，細緻開發，終於取得了成功。這項研究看起來好像無從下手，甚至顯得有些盲目，但這項研究和其他的盲目研究有一個本質區別，那就是後者毫無目標，前者卻是目標明確，因此，前者一步步接近目標，後者卻總是在雲裡霧裡。

盛田昭夫在開發家用錄放影機時也是如此，先給自己的人才尋找到目標，然後引導他們進行開發。當美國幾家主要的電視臺開始使用錄影機錄製節目時，SONY 就看好這項新產品，感覺它完全有希望打入家庭，只要從內部結構和外觀設計上加以改良，將可預期會受到千家萬戶的歡迎。一個新的目標便這樣確立了，開發人員又有了努力的方向。他們先研究現有的美國產品，認為它們既笨重又昂貴，這是必須研究開發加以改進的具體主攻方向。新的試驗樣機就這樣一台接一台造出來，一台比一台輕盈、小巧，離目標也愈來愈近。

　　唯獨井深大老是覺得沒到位，最後他拿出一本厚厚的書放到桌面，對開發人員說，這就是卡式錄影帶應該有的大小厚薄。在盛田昭夫的領導下，SONY 的目標已經非常具體了，開發人員再一次運用了他們掌握的基礎知識，結合應用科學，調動自己的聰明才智，進一步開發自己的創造力，終於成功研製出劃時代的 Betamax 錄放影機。盛田昭夫強調，企業領導者必須不斷給工程師制定目標，這是作為領導者的首要任務。制定的目標必須具備三重屬性，即科學性、實用性、超前性，這樣才能超越對手，走在市場的前面。

進階思考

　　手錶定律對商業管理有著重要的意義。如果你是一位公司管理者，就應當確保企業內部有一個人人願意為之付出努力的共同目標，只有這樣，員工們才會萬眾一心地朝著企業的發展目標奮鬥。共同目標是團隊成員所共同持有的意象或景象，是一種燃燒在團隊成員心中的令人深受感召力量。共同目標可以激勵企業員工萬眾一心，並把實現這種目標的熱情傳遞到企業的各項具體活動中，使各種不同的活動融合起來。

　　「企業的共同目標」並不是員工個人目標的簡單疊加，個人目標的力量源自個人對自身目標的深度關切，共同目標則來自於組織中各團隊成員的共同關切。在企業內部，必須建立感召眾人的共同目標，這樣才能確保企業順利發展壯大。如果沒有共同目標，企業就會像失去手錶的人那樣無所適從。

| 個人目標：對自身目標的深度關切 | 無共同目標：團隊成員無所適從 | 共同目標：團隊成員共同關切的事務 |

具體來說，在企業內部建立共同目標的原因，主要有以下幾點：

◆ 共同目標可以改變企業員工和組織之間的關係，讓員工感到公司不再是「別人的公司」，而是「我們的公司」。

◆ 共同目標能夠自然而然地激發員工的工作熱情和拚搏的勇氣，這種勇氣會大到令員工自己都吃驚的程度。

◆ 幾乎所有的員工在內心深處都渴望自己能夠歸屬於一項重要的任務、事業或使命，共同目標有助於員工把企業理想當成自己事業發展的舞臺。

◆ 每個人都希望藉由自己的努力和他人的協助，完成一項重要的工作使命，共同目標有助於企業員工之間的相互協作，增強企業的團隊精神。

◆ 贏利並不是企業的終極目的，企業還需要擁有自己的文化抱負和發現自身存在的意義。

◆ 從當前的「適應性的學習」轉向「創造性的學習」是企業的

當務之急。共同目標讓人歡欣鼓舞，它使組織跳出庸俗，產生火花，它孕育了無限的創造力。

◆ 共同目標構建了一個較高的目標，以激發新的思考與行動。

◆ 共同目標是建立學習型組織的前提和基礎。

總之，共同目標是企業的航標，它能夠在企業遭遇混亂或阻力時，繼續沿著正確的方向奮力前進。

企業應用

明確的團隊目標是一個團隊得以不斷發展的指路明燈，團隊目標不明確，往往也是其陷入困境的一個重要原因。要走出困境，團隊在採取其他具體措施時，首先應確立該往何處去，目標怎樣，然後才能決定具體如何做；也就是說，只有方向確定了，團隊才有可能擺脫困境。

明確的團隊目標能產生神奇的力量，對於一個團隊來說，只有使抱負變成具體而明確的目標，才能對團隊產生有效的影響。有了抱負，再加上實現理想的決心，就產生了一種創造力，熱切的希望、執著的追求加上不懈的努力，這些因素共同作用的結果，使團隊目標化為現實。

建立共同目標的目的是要團結、鼓舞、引導企業員工，以此提升企業的競爭力和發展力。要想實現這個目的，企業管理者必須掌握建立共同目標的方法和技巧，如下頁圖所示。

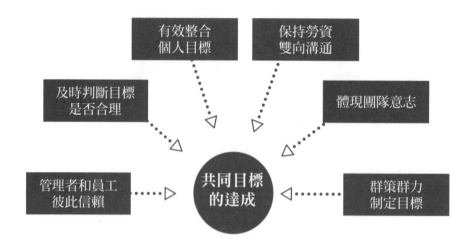

有效整合
個人目標

保持勞資
雙向溝通

及時判斷目標
是否合理

體現團隊意志

共同目標
的達成

管理者和員工
彼此信賴

群策群力
制定目標

▲ 企業應用手錶定律的六大技巧

個人實踐

明確了目標，等於明確了前進的動力，對一個團隊是如此，對個人同樣適用。當我們為自己定下目標之後，目標就會在兩個方面起作用：它是付出努力的依據，同時也是一種鞭策，目標給了我們一個看得見的靶子。隨著你努力實現這些目標，你的成就感將持續累積。對許多人來說，制定和實現目標好似一場比賽，隨著時間的推移，你實現了一個又一個目標，這時你的思想方式和工作方式也會漸漸改變。

在日常生活中，有很多人對自己的人生和所處的境況不滿意，但往往沒有清晰的目標，沒有動力付諸行動，因此總是沉浸在失望

中，感受不到生活的樂趣，這樣的
人當然無法實現自己生命的價值，
也不能獲得成功。

　　我們也同樣可以發現，一個人
一旦有了明確的目標，他就有足夠
的勇氣和力量衝破重重阻礙，追求
自己想要的東西。因為現狀的不理
想使他們清醒地認識到自己想要的是什麼，也就很容易為自己設立
目標，這樣就產生衝破現狀的可能。明確了目標之後，就要立即行
動，不可一拖再拖。資訊時代是講究速度和高效的，不行動便要落
後，不行動將一事無成，行動是解決一切問題的殺手鐧。

👍 行銷小學堂

　　對於一個企業管理者來說，能把自己的意圖以通俗易懂的方式和盤托出，明明白白地傳達給企業員工們，是至關重要的。當團隊每一位成員有明確的方向，並且把自己的行動與目標不斷地加以對照，清楚知道自己行進的速度和不斷縮小達到目標的距離時，他們的行動動機將會得到維持和加強，進而自覺地克服一切困難，努力實現目標。明確的共同目標對於企業的意義，如同一隻經過校準的手錶對於一個急切需要準確時間的人的意義。在具體的企業管理中，無論怎樣強調共同目標的重要性都不為過。員工希望領導者站得高看得遠，為企業明確目標，勾畫藍圖，但這操作起來並非易事。

　　取得員工的信任是管理者的首要工作，員工對你的信任程度及印象，取決於你的可信度，即你的誠實和正直，或者說你受信任的程度。通過信任關後，還有其他關口在等著你，但通過信任這一關，對企業管理者來說十分重要，跨過了這一關，管理者便很容易和員工進行心靈上的溝通了。

　　每個人都不會做他們不相信的事，與僅僅將公司的使命方向、關鍵目標和信念寫在紙上或發表一番空談相比，確定方向要付出更多的努力。心理學家們也對企業管理者有過同樣的忠告：員工們都在下意識地朝他們所期望的方向前進，所以企業的目標要讓員工接受，不能與員工的想法背道而馳。

自我練習

如果你是行銷部主管，部門有 6 個人，有 10 個案子要進行，你會如何分配工作？

_____

_____

_____

_____

_____

_____

_____

_____

_____

_____

行銷法則
15 皮爾卡登定理
1+1 並不一定等於 2，搞不好會等於零

觀念｜領導者能合理安排員工，企業這個整體將快速健康地
運轉起來；反之，員工的潛能得不到發揮，企業效率
就難以提高。

運用｜合理地安排員工的工作時，還要注意培養員工的團隊
精神，實現最優的配置，達到最高的效率。

　　法國著名企業家皮爾卡登曾說過這樣一句話：「在用人上，1+1並不等於2，搞不好會等於零」。「皮爾卡登定理」告訴我們，企業整體是由個體員工共同組成的，當領導者能夠合理安排員工的時候，企業這個整體將能快速健康地運轉起來；反之，如果安排不合理，員工不能待在恰當的崗位上，他的潛能得不到發揮，企業效率就難以提高。

　　在合理地安排各個員工的工作崗位的同時，還要注意培養員工的團隊精神，這樣作為整體的企業才能實現最優的配置，進而達到最高的效率。

觀念學習

▶ 三流管理哲學

　　「如果不能將一個人安排在合適的職位上，那麼就是將一個障礙物放在了企業成功的道路上。」松下幸之助說。他認為，一流的管理者能發揮下屬的聰明才智，二流的管理者只會憑藉下屬的體力，三流的管理者就只得事必躬親。所以管理者應當合理配置人才資源，發揮人才的最大效能，促進企業經營目標的實現。

　　組織工作猶如戲劇表演，人們成功地扮演了不同的角色，整部戲劇也就成功了。組織工作即是要創造一種促使人們完成任務的環境，它要經過策劃，建立起一種正式的角色分配體系，讓人們各自履行自己的職責並且協調配合，順利地實現所定目標。

▶ 日本大企業的喚醒人才法

要想讓組織按照計畫科學地運行，就要把合適的人放到合適的工作崗位上。用人的基本要求是，分析人與事的不同特點，謀求人與事的最佳組合，實現人與事的不斷發展，其具體工作內容包括人員需求的確定，人員招聘，員工的安置、提升、考評，業務計畫的制訂，報酬的確定以及培訓安排等。

日本一家大企業就曾出現過一個怪現象：公司人才濟濟，但銷售業績平平。後來，公司終於找出了癥結，原來公司的不少人才既不滿意自己的崗位，也不適應自己的崗位，因而發揮不了自己的專業特長，失去積極性、主動性。為此公司採取了「喚醒人才」的作法，並以制度形式固定下來。

現代管理學中有一條黃金法則，即管理者應把最合適的人放在最合適的崗位，做到人盡其才。遺憾的是，很多管理者不能做到知人善任，不能根據人才的愛好和特長，給其安排合適的崗位。如此一來，人才也變成了庸才，毫無利用價值，甚至有時還成了事業發展的阻礙，這是另一種意義上的人才高消費，是對人力資源的極大浪費。

不適應自己崗位、無法發揮才能

知人善任、調整員工的工作內容

事實上，任何一個身心正常的人都是有所能有所不能的。一個在產品設計上有過人之處的人，可能是一個拙劣的管理者、蹩腳的推銷員；反之亦然。這就要求企業建立科學的人才評估機制，對引進或發掘人才進行科學的鑒別與選擇，再給予適宜的崗位，或者直接讓人才自己選擇合適的崗位。

▶ 重視團隊合作的 500 強企業

一家世界 500 強企業在招聘高層管理人員時，有 9 名優秀應聘者經過初試，進入了由公司總裁親自把關的複試。總裁看過這 9 個人詳細的資料和初試成績後，相當滿意。但此次招聘只錄取 3 個人，所以總裁給大家出了最後一道題：把這 9 個人隨機分成甲、乙、丙三組，指定甲組的 3 個人調查本市嬰兒用品市場；乙組的 3 個人調查婦女用品市場；丙組的 3 個人調查老年人用品市場。總裁解釋說：「我們需要開發市場的人才，所以你們必須對市場有敏銳的觀察力，讓大家調查這些行業，是想看看大家對一個新行業的適應能力。每個小組的成員務必全力以赴！」臨走的時候，總裁補充道：「為避免大家盲目調查，我已經叫祕書準備了一份相關行業的資料，走的時候自己到祕書那裡去取。」

兩天後，9 個人都把自己的市場分析報告送到了總裁手上。總裁看完後，站起來走向丙組的 3 個人，與之一一握手，並祝賀道：「恭喜 3 位，你們已經被本公司錄取了！」看見大家疑惑的表情，總裁呵呵一笑道：「請大家打開我叫祕書給你們的資料，互相看

看。」

原來，每個人得到的資料都不一樣，甲組的 3 個人得到的分別是本市嬰兒用品市場過去、現在和將來的分析，其他兩組也類似。總裁說：「丙組的 3 個人很聰明，互相借用了對方的資料，補充了自己的分析報告。甲、乙兩組的 6 個人卻分頭行事，拋開隊友，自己做自己的。我出這樣一個題目，其實最主要的目的是想看看大家的團隊合作意識。甲、乙兩組失敗的原因在於，你們沒有合作，忽視了隊友的存在！要知道，團隊合作精神才是現代企業成功的保障！」

沒有合作精神，各自為政，
導致工作計畫無法執行

具有團隊合作精神，
順利完成工作計畫

進階思考

沒有一家企業不重視團隊精神的，也沒有一家企業不千方百計

地拒絕沒有團隊精神的員工的。這些優秀的企業深知，一個沒有團隊精神的員工只會阻礙公司的發展。團隊精神是團隊成員為了團隊的利益和目標相互協作、盡心盡力的意願和作風，是將個體利益與整體利益相統一，從而實現組織高效運作的理想工作狀態，是高績效團隊中的靈魂，是成功團隊身上必備的一種特質。一朵鮮花打扮不出美麗的春天，一個人先進總是勢單力薄，眾人先進才能移山填海，每個人都是存活於群體之中的，沒有人能夠例外；對一個團隊來說，團結協作永遠都是最最重要的。

獨行俠和單打獨鬥的時代已經一去不復返了，現代企業強調更多的是統一標準、流程和規範。個人的意願要想藉由集體發揮作用，團隊意識非常重要。在競爭日趨激烈的今天，靠一個人的力量顯然是無法打天下的。一個人可以憑藉自己的能力取得一定成就，但如果把自己的能力與別人的能力結合起來，就會取得更大的、令人意想不到的成就。1+1 等於 2，這是人人都知道的算術，可是用在人與人的團結合作上，那就不再是 1+1 等於 2 了，而可能是等於 3、等於 4、等於 5……，合作就是力量，這是再淺顯不過的道理。

企業應用

麥肯錫諮詢公司的人力資源經理曾說過這樣一件事：他們在招聘人員時，一位履歷和表現都很突出的女性一路過關斬將，在最後一輪小組面試中，她伶牙俐齒，搶著發言，在她咄咄逼人的氣勢下，小組其他人幾乎連說話的機會都沒有，最後她卻沒有被錄用。

因為人力資源經理認為，這名應聘者儘管個人能力超群，但明顯缺乏團隊合作精神，這樣的員工對企業的長遠發展有害無益。

大家都知道，一個成功的團隊應該是一個有機的、協調的、有章可循的、結構合理的整體，這個整體的能力並不是它所屬成員的能力算術和，而是一種不論在數量上還是品質上，都遠遠超出其每個成員能力的新力量。

當一項工作或任務遠遠超出個人能力範圍時，團隊協作勢在必行，團隊不僅能夠完善和擴大個人的能力，還能夠幫助成員加強相互之間的理解和溝通，把團隊任務內化為自己的任務，真正做團隊工作的主人。這樣的團隊會戰勝一切困難，贏得最終的勝利。而作為這樣團隊的成員，也會在團隊協作過程中迅速地成長起來。

▶ 打造高效團隊的標誌

幾乎所有的高效團隊都有一個顯著的標誌，那就是它必然是一個表現優秀、使內部成員和外界均感到滿意的工作集體。不難觀察到，它總是同高難度的工作任務、成員的全身心投入、通力協作，以及對創新矢志不渝的追求，緊密地聯繫在一起。無論是案例分析、小組專案諮詢，還是從事行業分析工作，團隊精神是否能得到發揚，都是決定工作成果的最為重要因素。

成功的團隊協作隨處可見，無論一支足球隊、一家企業、一個研發團隊，還是軍隊，成員的合作無間對於團隊的成功至關重要，

没有哪個成功的團隊不需要協作。良好的合作氛圍是高績效團隊的基礎，沒有協作就談不上很好的業績。

在團隊中往往更能夠充分體現個人的價值，因而寬容、善於合作、具有團隊精神的人，其取得成就的機會更大。人在富有凝聚力的團隊中工作，會覺得心情比較舒暢，幹勁也很足，大家的協作性很強，能夠創造出一些令人感到榮耀的業績。一個單位、一個部門要發展、要提高，必須要有一種團隊精神作為支撐。對於一個健康的現代化團隊來說，最需要的是具有優秀素質的團隊成員，擁有這些人才會更有利於企業的發展。

▶ 培養對團隊的歸屬感

熱愛組織是團隊精神的基礎和前提，只有熱愛組織的人，才能產生與組織休戚相關、榮辱與共的真感情，真心實意地與組織同甘共苦，始終站在組織的立場，克服個人利己思想，事事處處以組織利益為重；只有熱愛組織的人，才能視組織聲譽為生命，自覺維護組織的社會形象。作為團隊的一份子，如果不融入這個群體中，總是獨來獨往，唯我獨尊，必定會陷入自我的圈子，自然無法體會，也得不到友情、關愛和尊重。

一個具有獨立個性的人，只有融入群體中，才能促進自身發展。要真誠平等地與人相處，不管他是普通同事還是上司。你周圍的每個人，不僅限於主管和公司高層，都可能對你的事業、前途產生關鍵性影響。你的和善友好會給團隊帶來一股輕鬆快樂的氣氛，

可以使同事感到愉快，從而提高士氣。凝聚力表現為團隊成員強烈的歸屬感和一體性，每個團隊成員都能強烈感受到自己是團隊當中的一份子，把個人工作和團隊目標聯繫在一起，對團隊表現出一種忠誠，對團隊的業績表現出一種榮譽感，對團隊的成功表現出一種驕傲，對團隊的困境表現出一種憂慮。

強烈的歸屬感不僅可以改變一個企業，還能造就有才華的員工。可惜的是，有些員工對所在的團隊缺乏強烈的歸屬感，總是不思進取、放任自流；只想回報，不願付出；當團隊出現困境時不想著拯救團隊，總想另謀出路，脫離現有團隊，這樣的員工在自己的職業生涯中會走很多彎路，總找不到適合自己發展的空間。

協作使自己受益也讓別人受益，只顧自己的人不會讓別人受益，最終自己也不會受益。只有懂得協作的人，才能明白協作對自己、別人乃至整個團隊的意義；一個不願意與他人協作的人，必將會被成功所拋棄、被時代所淘汰。

個人實踐

在團隊管理中，領導者是人而非神，他哪怕本領再出眾，也會有盲點存在，所以領導者必須虛心聽取下屬的意見，尊重他們的發

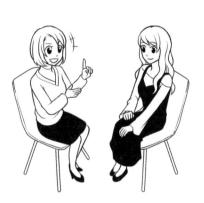

言，根據具體情況，制定相應措施，採取「眾智思考」進行決策。
以下是關於眾智思考的一些建議：

◆ **讓更多的人參與進來：**人人參與，從你開始。告訴你的上
司，你願意幫助他達到他的目標，問問他，你能做些什麼。

◆ **保證讓每個人都覺得可以自由表達意見：**為了吸納每一個人
的智慧，必須讓團隊裡的所有成員都感覺到自己可以很舒服
地大聲講出自己的見解。

◆ **經常召開非正式的集思廣益**
會議：很多職員都害怕參加
正式的會議，所以建議以大
家一起吃一頓輕鬆午餐的模
式，告訴他們來的時候至少
準備一個改進組織工作方式
的構想。

　　我們可以說，團隊精神是企業成功的要訣之一，也是企業選擇員工的標準之一，公司的政策的延續性和它的團隊精神密不可分；同時，員工的團隊精神是否能得到發揚，是決定工作成果的最為重要的因素。

　　團隊是由個體組成的，所有個體在組織內部都有固定的位置，這些位置互相銜接。團隊精神是高績效團隊中的靈魂，是成功團隊身上難以琢磨的特質；團隊精神也是指團隊成員為了團隊的利益和目標而相互協作、盡心盡力的意願和作風，包括團隊的凝聚力、合作意識以及高昂的團隊士氣。

　　具有明確的團隊目標與理念是團隊精神的基礎，也是解決利益衝突的保證，其中最為重要的是團隊間成員的合作。團隊合作的精髓就在於「合作」二字，團隊合作受到團隊目標和團隊所屬環境的影響，只有在團隊成員都具有跟目標相關的知識技能及與別人合作的意願的基礎上，團隊合作才能獲得成功。

自我練習

重新審視自己公司／部門的下屬是否都在適合自己的崗位上，同時透過大小急緩不一的專案，利用共同的目標，適時地凝聚他們的團隊意識、培養團隊精神。

Chapter 4
成功商業定律中的神祕數字

行銷法則 16　101℃定律

從 100℃到 101℃的難度，這 1℃的差異可說是通往成功標的的最後一哩路，卻往往不是多數人能堅持到底的。如何突破 100℃？讓籃球明星麥可‧喬丹來告訴你。

行銷法則 17　931 法則

成效比率反映出每向 9 名客戶推銷，其中會有 3 名客戶產生購買意願，而在這 3 名客戶中，一定有 1 人最後會成交。但如果真的認真拜訪客戶卻未果的話，我們將教你怎麼靠「外在勤奮」和「內在強化」來提高成交率！

行銷法則 18　1:29:300 法則

每一起重大飛行安全事故的背後，必然事前有 29 次事故徵兆，而每個徵兆背後，又有 300 多起事故苗頭，以及 1,000 多起事故隱患。培養對徵兆的敏銳度，你將能化努力為成交，找到精準客戶。

行銷法則 19　250 法則

一個人一生中與其往來的大約是 250 人，意謂著每個人的身後都有一個相對穩定、數量不小的群體。每當拿下一位客戶，就代表著背後可能潛在有 250 個商機，看看世界推銷大王喬‧吉拉德怎麼做？

行銷法則 20　3+2 法則

行銷要成功，定位必須清楚，並與企業發展一致。管理專家們把完整的企業定位系統總結為三大定位—市場定位、產品定位和品牌定位，以及兩大基礎—企業文化和企業發展戰略，融合二者變成了「3+2 法則」。原來瑞典家居品牌 IKEA，靠這招在中國市場佔有一席之地。

行銷法則

16 101℃定律

只要再努力一點，你就能脫穎而出

觀念 | 只是達到一般水準，也就是通常說的 100℃，已無法
滿足市場，唯有達到更高的 101℃，才能使企業在眾
多競爭對手中脫穎而出。

運用 | 如何「增加 1℃」呢？精髓在於將辯證分析經濟現象、
把握問題深層本質、推行以實效為目的的全腦創新，
與針對每個具體運行實體企業量體裁衣結合起來。

普通大氣壓　咕嘟　100℃

加大氣壓　101℃　靜...

咕嘟　咕嘟

增加氣壓的情況下為了讓水沸騰，必
須增加對水的熱能傳遞。行銷上來看，
若已經無法滿足市場的需求，唯有增
加內部能量，達到更高的101℃，才能
使企業在眾多競爭對手中脫穎而出。

「努力一點，企業就能脫穎而出！」可說是「101℃定律」最重要的精神。

「101℃定律」告訴我們，在激烈的競爭中如果只達到一般水準，也就是我們通常說的 100℃，已經無法滿足市場的需求，唯有達到更高的 101℃，才能使企業在眾多競爭對手中脫穎而出，實現自己的目標。從現實的經濟社會來看，我們面臨的情況要複雜得多，不是僅僅靠增加投入（增加市場廣度、增加投放廣告頻率、增加員工壓力等）就可以實現的。甚至有的時候，我們想增加投入都還「欲投無門」。即使我們能透過所謂增加能量的方式加以解決，但這也不是大多數企業願意採取的方式，因為勢必會帶來成本費用的增加，而且這還是一種在見到成效之前的「風險性投入」。

那麼我們有什麼系統的方法論、戰略和策略體系，可以解決這增加 1℃的難題呢？101℃定律的精髓就是「經濟辯證法」、「實效型創新」與「一對一行銷」三者的結合。只有將辯證分析經濟現象、把握問題深層本質、推行以實效為目的的全腦創新，與針對每個具體運行企業量體裁衣結合起來，我們才能完成 101℃理論賦予的新任務。

為什麼水的沸點會超過 100℃？在標準大氣壓之下，水的沸點都是攝氏 100℃，但如果壓力高於一標準大氣壓，那麼水的沸點就不再是 100℃了。我們先來簡單地看以下問題：

一、面對外界氣壓的增強，水的沸點將發生什麼變化？

二、為什麼達到沸點時，水會「不沸騰」？

三、當氣壓增強時，水已經被加熱到100℃卻沒有沸騰，我們應該採取什麼策略應對？

四、在壓力增強的現實條件下，我們如何將水加熱到101℃，使它真正地沸騰起來？

　　101℃理論的思考邏輯推進層次，實際上便是按照上述的問題所展開。既然有了問題就要一一尋求解答，上述四個問題的參考答案如下：

問：面對外界氣壓的增強，水的沸點將發生什麼變化？

答：物理學方面關於水的沸點定義是，一標準大氣壓下的水的沸點為100℃，當壓力大於一標準大氣壓時，水的沸點將升高（壓力愈大，沸點就愈高），而產生100℃仍不沸騰的現象。

問：為什麼達到沸點時會「不沸」？

答：藉由問題一的分析，我們可以知道水之所以不沸騰，是因為它還沒有達到真正的沸點。

問：當氣壓增強時，水已經被加熱到100℃卻沒有沸騰，我們應該採取什麼策略應對？

答：這種時候，人們不外乎有三種反應：

一是沉醉於 100℃ 條件下的「曾經沸騰過」，而不願面對「沸點不沸」的現實，最後終於離沸騰愈來愈遠，甚至變成了生水。

第二種反應就是不深入探詢究竟，而是沿襲一標準大氣壓下的燒水方法，最終還是無法逃脫「沸點不沸」的結局。

第三種反應才是我們所提倡的，正確地分析「沸點不沸」的根本原因，並找到在更大壓力下的「沸騰之道」——正確運用 101℃ 定律。

問：在壓力增強的現實條件下，我們如何將水加熱到 101℃，使它真正地沸騰起來？

答：從物理學的角度來講，在壓力增強的現實條件下，我們要將水加熱到 101℃，使它真正地沸騰起來，就必須增加對水的熱能傳遞，使水的液態分子結構在獲得更多能量的條件下，突變為氣態結構。

觀念學習

▶ 由小發現逆轉劣勢的東芝公司

日本東芝公司（TOSHIBA）依仗其雄厚的資本及先進的技術，一度在重工業領域內地位顯赫。但是由於該公司過於依賴他們占有優勢的重工業電氣設備製造和銷售，反而忽視了另一個重要且廣大的市場，那就是家用電器市場。當時的公司決策者並沒有看到新技術的發展，已在家用電器方面得到廣泛的應用，而讓其他對手逐步

占據了廣闊的家用電器市場。等他們意識到這一點時，在家用電器製造與市場占有方面已經落後對手一大截。

　　這個戰略上的失誤使得東芝公司陷入前所未有的危機之中：赤字接連不斷，股票價格連續下跌，內部糾紛嚴重，所有這一切，讓這個國際著名的大企業陷入非常難堪的地步。東芝的管理者才逐漸意識到，不能再一味地吃大型電器的老本了，不能再眼巴巴地看著同行在家電領域裡大展鴻圖，自己卻一無所獲。但開發新型家電談何容易。資金不足，加上技術人員長期偏重大型電器設備，而對家用電器經驗不足，模仿別家產品就只能跟在別人後面。還好天無絕人之路，東芝公司由於技術人員的一次偶然發現而有了轉機。

　　有一天，東芝公司的 8 人技術小組到宇奈月溫泉考察重型發電機，他們在當地的旅館住下，晚上閒來無事便湊到一起聊天。時值冬季，夜晚天氣寒冷，大家在房間裡邊烤火邊聊天。忽然他們被房間中別具一格的暖爐吸引住，普通的暖爐只是一個木框罩子，下面放一個火盆，火盆與木罩是分離的。要將暖爐換地方時，必須分兩次搬運，先搬木罩，再移火盆，十分麻煩。但這裡的暖爐不同，木罩下面多了一個鐵皮抽屜，抽屜裡放著木炭和煤球，於是抽屜與木框便連成一個整體，這樣就可以一次搬運整個暖爐，同時由於這種暖爐下面的抽屜不像火盆那樣敞著口，所以還可以把腳伸到木框裡取暖。

　　於是，大家的話題便開始轉到暖爐上，一位技術人員靈機一

206

動，想到：「這個暖爐用起來比平常用的要方便多了，咱們是設計電器的，不知道用鎳鉻絲來代替煤球的效果如何？相信應該比用煤球還方便，而且乾淨，用不著每次用暖爐時還得生火。」這個意外發現使大家興奮不已，熱烈地討論起來。

返回公司後，這個技術小組向公司提出關於電暖爐的設計方案，這個新穎的設計立即得到公司批准。經過試製，一種新型電暖爐誕生了，東芝公司立即為它申請產品專利。這種新型電暖爐使用起來，比傳統的燒煤球暖爐方便，而且乾淨、安全性好，一下子就受到消費者廣泛歡迎，第一年便售出了 100 萬台，讓東芝公司狠狠地賺了一筆。

東芝也以此為轉機，逐漸恢復了元氣，並順利打入家用電器市場，為日後進入全盛時期創造一個良好的開端。更重要的是，雖然小小的電暖爐能量有限，但小發明所激起的精神能量卻是無法計算的。東芝由此樹立信心，掀起了一個創新的高潮。

東芝公司技術人員的一項小發明，幫助公司扭轉不利的形勢，走出低潮。由此看來，即使是實力雄厚的大企業，也不能故步自封。只有不斷地創新，積極地開拓市場，企業才能煥發出無窮的活力。吸取別人的精華，在他人產品上進行改進，不失為一個最簡單而又有效的方法，一個小小發現，就有可能決定一個人一生的命運；一項小小發明，有可能扭轉整個公司的頹勢。一個樂於從小事做起的人，只要給他一個機會，他就有希望創造出驚人的奇蹟。

▶ 永遠比任何人都努力的麥可·喬丹

　　堪稱全球最偉大的籃球明星麥可·喬丹在率領芝加哥公牛隊獲得兩次三連冠後，毅然決定退出籃壇，因為他已經得到美國NBA籃球史中最多的個人光榮紀錄與團隊紀錄，甚至是被譽為二十世紀最偉大的運動員。在退休後，他說：「我成功了！因為我比任何人都努力。」喬丹不只比任何人都努力，在他已經是最頂尖的運動員時，還比以往更努力，不斷地想要突破自己的極限與紀錄。在球隊練球時，他的練習時間比任何人都長。據說除了睡覺時間之外，他一天只休息兩小時，剩下的時間全部用來練球。

進階思考

　　記得有首歌是這麼唱的，「一試再試試不成，再試一下！」歌詞強調的重點就在於勉勵我們做事不僅要全力以赴，更要在最後一分鐘加把勁，才有機會到達成功的彼岸。知名哲學家柏拉圖曾說：「成功祕訣是堅持到最後一分鐘」，有最後一分鐘的堅持，之前的努力才有代價，否則一切都將歸零。沒有人會關心你之前付出多少心血，因為在「只重結果，不管過程」的現實社會裡，成者為王，敗者為寇啊！

　　例如正在鑿石的石匠，他在同一個位置上恐怕已敲過100次，卻絲毫沒有什麼改變，但是就在那第101次時，石頭突然裂成兩塊，如果沒有最後那一擊，先前敲的那100下都成枉然。因此，我們可以知道許多努力不是一下子便可以看到成果，還需要耐心和堅

忍。只要願意付出堅持的代價，你終究可以享受到成功的甘甜。

從很多成功人士的故事中，我們可以知道一個簡單的成功道理：「永遠比第一名還要更努力。」是的，「努力」這兩個字聽起來好像令你不很願意去做，但是你卻不能迴避這兩個字，因為成功的確需要努力。尤其是在行銷的領域中，想要成功卻不努力的想法，請你盡早放棄。努力做一切能幫你成功的事！努力找尋成功的方法，努力閱讀與學習資訊，努力採取行動！你要比你的競爭對手還努力，比任何人都努力，比第一名還努力，那麼你就一定會擁有成功行銷！

企業應用

當今世界，企業生存的環境愈來愈複雜和困難，在這個競爭愈來愈激烈的世界，制定什麼戰略，採取何種策略，才能夠保持企業的持續發展，已成為企業必須思考的議題。美國人曾用「The Age of Hypercompetition」（超級競爭時代）一詞來描述當今社會競爭的激烈程度。事實上，任何一個產業都正在承受著前所未有的全球化競爭壓力，企業要想生存和發展，就必須大大提高其營運效率，以獲取競爭優勢。

營運效率必須靠研發、創新以及專利來提升，然而這些先期投資的成本往往非常巨大，以藥廠研發新藥為例，除了要依賴專業人士持續維持研發力之外，還要經過許多階段的動物實驗以及人體實

驗，萬一最後階段出現些微差錯，那麼之前所有的辛苦都將白費。

不僅藥廠研發新藥如此，所有的企業經營都面臨著不是成功就是失敗的抉擇，因為在競爭激烈的態勢中，沒有所謂「50% 的成功」或者「50% 的失敗」；也就是說，只有 100% 的成功或 100% 的失敗，其餘的機率皆不存在。掌握「101℃定律」之後，企業主就會知道該如何在最後階段加把勁，再努力一點。因為，成功就在不遠處！

個人實踐

人生是個大舞臺，每個人都有粉墨登場的機會。你可能演出一齣慷慨激昂的英雄劇，也可能成為潸然淚下的悲劇，當然也有可能是喜劇、鬧劇，或者平平淡淡的小品。

不管你演的是什麼，人生之路確實很難走，每邁出一步都要付出許多辛勞和心血，愈是體現人生價值，愈是煥發人生光彩的前夕，就愈覺得艱難，如同登山攀爬最後一處懸崖，如同涉水衝出最後一道浪峰。光輝的頂點舉目在望之際，勝利的彼岸伸手可及之時，往往也到了精疲力竭的關鍵時刻。

在這個時候你最需要的是信心、是勇氣、是意志、是毅力，也就是不要懈怠鬆弛。你不應該聽天由命，只要堅持一下，無時無刻不想起「101℃定律」，前景勢必無限樂觀，否則稍有動搖，可能就會前功盡棄，甚至後果不堪設想。人，還要活得有骨氣，該登場就

登場，但不必裝腔作勢，要力求用真實塑造自己的形象。該拚搏就
拚搏，從拚搏中體現人生的價值，即使是屢戰屢敗，也還要屢敗屢
戰，這樣才會使你領悟到人生的真諦。

行銷小學堂

　　宋代文學家蘇軾認為，「古之立大志者，不惟有超世之才，
亦必有堅忍不拔之志」，正指出堅毅是成功的要素。每個人在漫
長的人生路上，總會遇到障礙和挫折，關鍵是我們如何去面對。

　　求知識，做學問，同樣需要有堅毅的精神，刻苦耐勞，才
會有成功的一天。全世界傑出人士成功的項目雖有不同，但相
同的是他們背後都有一段艱苦奮鬥的歷史。當我們羨慕別人的成
就時，更需要的是探索他們成功背後的因素，見賢思齊，貫徹
「101℃定律」。

行銷法則

17 931法則

行銷成功的要點在於堅持,這不是神祕的祕訣

觀念｜要想得到客戶的認可,達成良好的業績,必須要有水
　　　滴石穿的堅持精神,並懂得運用相應的方法和技巧。

運用｜要想擁有做事堅持到底的精神,就要在「自制力」方
　　　面狠下工夫。這種品質表現在意志行動的全過程中,
　　　排除來自體內外的干擾,冷靜分析,做出合理決策。

一位優秀的保險推銷員經過工作實踐，發現了一個神祕的現象：大概每向9名客戶推銷保險，就會有3名客戶有投保的想法，而在這3名有投保想法的客戶中，一定會有1人最後投保，這便是所謂的「931法則」，有的行銷專家也稱之為「成效比率」。

　　931法則啟示我們，要想得到客戶的認可，達成良好的業績，必須要有水滴石穿的堅持精神，並懂得運用相應的方法和技巧。

保險從業員向**9**名
客戶推銷保險

其中有**3**人產生投
保的意願

最後只有**1**人如願
投保

▲931法則的成效比率

觀念學習

▶ 一只皮箱走天下的中小企業

中小企業一直是台灣經濟發展的中堅力量，在過去，我們從中小企業主身上看到「台灣子民」的韌性，許多現在經營事業有成的大老闆，當初僅僅靠著一只大皮箱，一口本土腔的英語，一股永不服輸的精神，遍跡全球，展現台灣旺盛堅韌的生命力，在拜訪客戶的過程當中，他們絕對吃過閉門羹、絕對慘遭無情的白眼，但是憑藉著一股永不放棄的精神，中小企業主終於從苦心經營一位、兩位客戶，打開了全世界的市場，這就是 931 法則最好的實證。

▶ 不怕被拒絕的保險教父

保險教父、美商大都會人壽執行長梅蒂，在全球保險業擁有很高的地位，他的績效幾乎無人能敵，不過最早以前，他也走過被人拒絕的路。梅蒂說，他年輕時曾為找工作而苦惱，「當時我的要求很低，只需要一份週薪 50 美元的工作，但一直沒有找到，後來有朋友推薦我到紐約的一家保險公司面試，當保險公司老闆告訴我，如果我考到執業證後，每天出去與 10 個人交談並推銷保險，如果他們都拒絕我，當天仍舊會支付給我 50 美元的酬勞。」

從期望的週薪 50 美元到面前的日薪 50 美元，面對天上掉下的禮物，梅蒂高興極了，他說：「拿到執照的第一天，我先去找我的朋友，找了一個、兩個、三個……，當他們都以各種理由拒絕的時

候，我並沒有氣餒，心裡只想著 50 美元快到手了。」梅蒂眉飛色
舞地說，「當找到第七個朋友的時候，他卻答應買保險了！」結果
是，梅蒂當天雖然沒有獲得 50 美元的酬勞，卻拉到了入行以來的第
一張保單，「如果你堅持不懈，就一定能取得成功」梅蒂以自身的
經驗勉勵後生晚輩。

進階思考

　　世間最容易的事是堅持，最難的也是堅持，說它容易，是因為
只要願意做，人人都能做到；說它難，是因為真正能夠做到的，終
究只是少數人。成功在於堅持，這是個並不神祕的祕訣。在所有的
職業中，推銷是最容易受挫、最容易遭拒絕的工作，也是最容易讓
人厭倦的工作。

　　許多業務忙忙碌碌，卻沒有取得成功，他們大多敗在自己手
中，敗在遇到挫折時放棄自己的追求，缺乏堅持不懈的精神。業務
如果在推銷失敗，遭人拒絕、嘲笑時就畏懼、退縮甚至放棄，那成
功怎麼會找上門來呢？只有具備堅持不懈、絕不放棄的心態，才有
成功的那一天。

　　美國銷售員協會的一項調查研究指出，「不能堅持到底」是銷
售失敗的主要原因，下面這組統計數字也許更能夠說明問題：

◆ 48％的推銷員被一個客戶拒絕之後就不幹了；
◆ 25％的推銷員被兩個客戶拒絕之後就不幹了；

◆ 15％的推銷員被三個客戶拒絕之後就不幹了；

◆ 12％的推銷員被三個客戶拒絕之後，繼續幹下去，而 80％
的生意恰恰就是這些推銷員做成的。

由此可見，堅持不懈地付出努力，是優秀業務取得良好業績的
不二法門。

企業應用

作為業務，不論處在新手或老鳥的階
段，迷茫和困惑都是難免的，也是正常
的。因為業務作為一項門檻低、工作和生
活相對不穩定，但專業技能、綜合水準都
要求相對較高的行業，不是所有人都能夠
做好的，它需要全心的投入，忘我的工
作，平時的日積月累，才能做到後來的厚積薄發，功成名就。

作為一名優秀業務，他不僅要熟悉本領域的行銷理論，把握行
銷的發展趨勢，而且還要研究相關的經濟學、社會學、哲學、法
學、心理學、管理學等等，不僅要上知天文，而且還要下曉地理，
只有這樣才能成為一個綜合素質較高，而且左右逢源，並深受客戶
歡迎的人。

▲ 優秀業務的培訓要領

▶ **業務外在的強化**

不論怎樣的業務，尚需要做好以下四項工作，才能在這一行走得長久：

一、**腿勤**：腿勤腳快，是業務成功的關鍵要素。很難想像一個好吃懶作不積極的業務，能夠獲得客戶的好評、長官的信賴！因此，業務要想比別人獲得更快地成長，就必須腿要勤，要學會用腿腳來走透透，如果當別人的雙腳已在休憩時，而你的雙腳還飛奔在市場上、前進的征途中，成功一定是屬於你的。

二、**手勤**：上帝賜予我們雙腳是讓我們用來走路的，而給予我們雙手，則是用來為自己，同時也是為別人做事的，當我們做到手勤的時候，我們往往能夠成人達己，並獲得意想不到的收穫。

三、**嘴勤**：嘴勤，是業務必須具備的基本功，有些業務市場做得非常棒，卻不善於表達，尤其不善於向陌生人表達，而這恰恰是業務成長的大忌。因此，作為一個優秀而老練的業務，應該是位語言表達能力強的人，業務只有做到了嘴勤才能引客戶喜歡，受消費者愛戴，從而讓企業滿意，以獲得更好、更大的發展空間和平臺。

四、**腦勤**：腦勤，是指作為業務要擅長總結和動腦，要把自己的工作經驗和教訓善於歸納和提煉，從而更好地指導今後的工作，使錯誤不致再犯，讓經驗發揚廣大，從而使自己成為一個會思考的行銷智者。

比如，當回家休息之後，我們可否躺在床上把自己當天的工作重新檢討一次，可否把好而有效的心得體會寫在筆記本上，把失敗的教訓記下來，作為我們借鑑的範本，長此既往，我們將獲得進步，在不斷累積經驗的過程中，實現從量變到質變，形成自己的行銷運作模式。

▶ **業務內在的強化**

業務在達到上述要求之後，仍然需要在以下方面強化自己：

一、**不斷學習**：「物競天擇，適者生存」的競爭規律，促使我們必須「活到老，學到老」。因此，作為業務，不論你是多麼成功，

都必須有危機意識，知道要隨時接受市場最嚴苛的考驗；只有不斷學習，才能不被社會和企業所淘汰，才能保持清醒的頭腦，從而使自己時刻立於不敗之地。

　　二、**保持創新**：創新是立業之本，作業務最忌安於現狀，最怕小富即安；作為業務，如果思維停滯了，那麼他的職業生涯的黃金期也將走不了太長。只有保持創新的意識，不斷地創新思維，創新模式，所從事的業務工作才能基業長青，才能在經歷了一次成功之後，持續地走向另一個成功。

　　三、**勇於挑戰自我**：一個人最大的敵人，其實不是別人，而是自己。因此，一位成功的業務，要想與時俱進而不被行業所淘汰，就必須時刻勇於挑戰自我，挑戰過去，從而做一個謙虛而奮發的人。在「長江後浪推前浪，一代新人換舊人」的今天，無論在任何條件下，業務都沒有理由狂妄，沒有理由夜郎自大，沒有理由目中無人，沒有理由妄自菲薄，只有勇於挑戰自我，才能不斷地創造新的天地、新的舞臺，新的輝煌。

個人實踐

　　意志在人類生活中有著重要意義，人類改造自然、改造世界、創立文明的過程，就是一個意志努力的過程。有學者對國內外在事

業上有突出成就的一些人進行調查研究，了解影響他們成功的心理因素有哪些。結果發現，他們成就的取得大多不是由於智力高低，而是意志、性格上的特點。

一個在事業上銳意進取的人，就有可能開拓工作的新局面；一個在學業上持之以恆、刻苦努力的人，總有希望達到科學的巔峰。即使是習武練功，要想達到強身治病的目的，也離不開頑強的意志和不怕困難的精神。人的積極意志品質不是天生的、自發的，而是在生活實踐的過程中逐漸培養和形成的。

具有堅強意志的人在困難面前不退縮，在壓力面前不屈服，在誘惑面前不動搖，他們具有明確的奮鬥方向，即使遭遇失敗也絕不洩氣。比如，居禮夫婦在夏季燥熱、冬季酷冷的木造房子裡，於極其艱苦的條件下，數年如一日頑強地工作著，終於從數十噸的鈾礦渣中提煉出不足一克的微量純鐳。

居里夫人說：「我從來不曾有過幸運，將來也永遠不指望幸運。我的最高原則是，不論對任何困難都絕不屈服。」鍥而不捨，金石可鏤，任何領域中的豐碩成果取得都是長期頑強奮戰的結果。

行銷小學堂

　　要想擁有做事堅持到底的精神，貫徹「931法則」，就要在「自制力」方面狠下工夫，一個無法控制自己的情緒、約束自己的言語、調節自己的行動的人，是不能夠成功的。這種品質表現在意志行動的全過程中，在採取決定階段，自制力強的人能夠冷靜分析，全面考慮，做出合理決策；在執行決定時，自制力強的人善於排除來自體內外的干擾，堅持把決定貫徹到底。

　　「自制力」在人的工作中有兩大功能：一是使人在工作中遇到困難與挫折時，控制自己的情緒，克服灰心、氣餒、依賴、任性等不利心理因素；在工作取得進展與成功時，又使人不被勝利沖昏頭腦，不驕傲自大、盲目樂觀，而是戒驕戒躁，謹慎勤勉，繼續擴大戰果。二是使人在工作過程中動員一切積極的心理因素，如注意力集中、專心致志、情緒飽滿、思維活躍，促進與保證工作的順利進行。

行銷法則

18 1：29：300 法則

嘗試愈多，雖然失敗多，但成功也愈多

觀念｜推銷是一個以數量決定成敗的工作，一次成交來自於
29 位顧客中的一位，而這次成交又來自於對這 29 位
顧客的 300 次拜訪。

運用｜勤於拜訪顧客，為成交打好基礎，而優秀推銷員都是
從尋找「準顧客」開始走向成功之路的。

　　「1：29：300 法則」也叫「海恩法則」。在對多起航空事故的分析中，飛行員海恩發現每一次事故發生前，總有一些徵兆表現出來，但是人們要麼沒有注意，要麼即使發現了也沒有引起足夠的重視，從而導致事故的發生。後來人們把海恩的發現稱為「1：29：300 法則」，即每一起重大飛行安全事故的背後，必然有 29 次事故徵兆，而每個徵兆背後又有 300 多起事故苗頭，以及 1,000 多起事故隱患。要想消除這一起嚴重事故，就必須把這 1,000 多起事故隱患控制住，這條法則充分說明：結果與原因之間的必然聯繫。

觀念學習

▶ 推銷大王們的每日終極目標

　　有一些推銷員每天出門推銷時，還在考慮：「今天我該向誰推銷呢？」這樣的消極想法是無法造就成功推銷員的誕生。在日本有「推銷之王」名號的伊藤俊雄，規定自己每天必須結識 130 名顧客，如果到晚上還沒有完成任務的話，他就會到人們夜生活的地方，如舞廳、咖啡廳，尋找顧客。

　　日產汽車公司推銷大王奧誠良治發現一個數量定律，每尋找 25 位顧客，就有 1 人對購買汽車感興趣；每 4 位對汽車感興趣的人中，就有 1 人會購買汽車，於是他規定自己每天必須尋找到 100 位顧客。也有另一位推銷員發現了一個「50—15—3—1」的數量定律，即每打 50 通電話，會有 15 位顧客感興趣，其中 3 人表示願意

見面談談，最後能做成一筆生意，於是他規定自己每天必須打 50 通電話。

▶ 從墮落的信號抓出貪官汙吏

1：29：300 法則同樣適用於反腐，因為任何一起嚴重腐敗案件，之前都有一些輕微腐敗行為和腐敗先兆，以及很多腐敗隱患，如果從腐敗隱患防微杜漸入手，那麼腐敗是完全可以避免的。例如公務人員喜歡在酒店談公事、喬事情，那就是墮落的信號；用人只喜歡挑選直系親屬，是腐敗的表徵。套用 1：29：300 法則，能幫助我們查找腐敗根源，完善問責機制，加強制度反腐，又能為我們防止腐敗事件發生提供方法論意義的借鑒。

進階思考

「1：29：300 法則」多被用於企業的生產管理，特別是安全管理方面，該法則對企業來說是一種警示，它說明任何一起事故都是有原因的，並且是有徵兆的；它同時說明安全生產是可以控制的，安全事故是可以避免的；它也給了企業管理者安全管理的一種方法——發現並控制徵兆。具體來說，利用 1：29：300 法則進行安全管理的主要步驟如下：

◆ 任何生產過程都要流程化，以便能對整個生產過程進行考量，這是發現事故徵兆的前提。

◆ 對每一流程劃分相應的責任，找到相應的負責人，讓他們認

識到安全生產的重要性，以及安全事故帶來的巨大危害。

◆ 列出每一流程中可能發生的事故，以及發生事故的先兆，培養員工對事故先兆的敏感性。

◆ 在每一流程上制定定期的檢查制度，及早發現事故的徵兆。

◆ 在任何流程端，一旦發現生產安全事故的隱患，要及時報告，及時排除。

◆ 在生產過程中，即使有些小事故可能避免不了或者經常發生的，應給予足夠的重視，及時排除。當事人即使不能排除，也該向安全負責人報告，以便找出這些小事故的隱患，避免安全事故的發生。

許多企業在對安全事故的認識和態度上，普遍存在一個錯誤的認知：只重視對事故本身進行總結，甚至會按照總結得出的結論，有針對性地展開安全大檢查，往往忽視了對事故徵兆和事故苗頭進行排查。

那些未被發現的徵兆與苗頭，勢必成為下一次事故的隱患，長此以往，安全事故的發生就呈現出連鎖反應。事實上，在一些企業，安全事故甚至重大安全事故接連發生，問題就出在企業對事故徵兆和事故苗頭的忽視。

企業應用

「1：29：300 法則」不僅僅用於生產管理中，安全事故的發現與防治，還被運用到企業的整個經營過程，用於分析企業的經營問題；另外，在推銷領域也同樣發生著潛在的作用。

▶ **企業經營與「1：29：300 法則」**

企業是否經營得好，與它平時的表現還是有相當大的關係。企業發生虧損甚至倒閉，都能夠從企業的經營中發現這些徵兆，這些徵兆主要表現在以下幾個方面：

◆ **戰略管理是否盲目地多元化？**

如果經常可以看到企業在與主業無關的領域內投資，說明企業有盲目地多元化傾向；長久來說，這會對企業造成危害。企業經營者應仔細評估是否將資金投到自己不擅長的領域，是否應該收縮經營業務，把精力放在主營業務上。

◆ **資本營運是否有資金鏈緊繃的疑慮？**

如果銀行和企業關係出現破裂，說明企業的資金鏈緊繃，企業的營利水準下降，或者業務過多，背上了過重的債務。

◆ **集團內部管理是否存在太多的關聯交易？**

子公司間進行關聯交易或許有企業的難處，外人也可能不容易發現，但關聯交易毫無疑問是產生財務黑洞的危險路徑。

◆ **人力資源管理是否出現員工士氣低落？**

這要麼說明員工對公司前景擔憂；要麼說明企業出現了不利於員工工作的因素。這時要排除干擾因素，同時做好員工的心理建設，讓他們對公司充滿熱情。

▶ **推銷領域與「1：29：300 法則」**

「1：29：300 法則」不單表現在航空領域和安全生產及企業經營中，在推銷領域也同樣發生著潛在的作用：一次成交來自於 29 位顧客中的一位，而這次成交又來自於對這 29 位顧客的 300 次拜訪，所以勤於拜訪顧客，才能為成交打好基礎。1：29：300 法則，其實是一個非常簡單而明確的法則，在推銷領域就是要求推銷員盡可能多拜訪顧客。

概括而言，你的推銷活動量愈大，你的銷售業績就愈高。推銷是一個以數量決定成敗的工作，推銷中有幾個重要的數量決定著你的成功與失敗。

所謂推銷，就是找到一些人，然後把東西賣給他們。一般而言，你的銷售額與你所尋找到的準顧客數量成正比。如果你尋找到 10 位顧客做成了一筆生意的話，那麼尋找 100 位顧客就可能做成 10 筆生意，尋找到 1,000 位顧客就

比起漫無章法的找 100 個客戶接觸，優秀的推銷員會先從手邊既有資料做好分析，找出「目標客戶」再下手接觸。

可能做成 100 筆生意。優秀推銷員首先都是從尋找「準顧客」開始走向成功之路的。

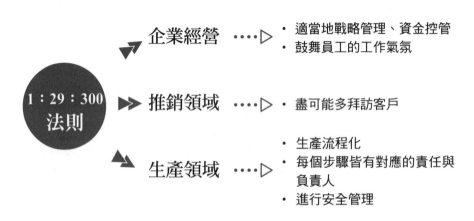

▲ 1：29：300 法則的應用

個人實踐

　　習慣於不說真話、不透露真實資訊的責任人,通常都以為說出真話是最高的風險、最大的危險,以為每一句真話的背後,必然有「29 次輕微事故」、「300 起未遂先兆」以及「1,000 起事故隱患」,也就是認為說真話即麻煩、即不安全,認為真話會導致自身的事故。正是這種根深蒂固的「說真話危險」的意識,養育了隱藏真實、不說真話的作法,而且能夠把假話說得活靈活現,阻礙了正常的判斷以及應當採取的防範措施,因此個人如果想要貫徹 1：29：300 法則,就必須從說真話開始。

行銷小學堂

　　事實上，1：29：300 法則除對人們進行警示外，還有更重要的作用，其中之一就是使人們認識到，既然事故牽涉的因素如此之多，那做好安全工作就比想像的要艱鉅得多，解決的方法也就不能只是就事論事，侷限在對事故具體原因的分析上，而是還必須從宏觀和總體上多想辦法，更新觀念，提高素質，這樣建立安全理念就顯得理所當然了。

　　正如 1：29：300 法則指出的，安全牽涉到方方面面，以飛行安全為例，不但要關注空中還涉及地面，步步相接，環環緊扣，任何隱患都可能發生「千里之堤，潰於蟻穴」的嚴重後果，所以裝備戰線上的每一名同仁都要有「安全無小事」的理念。

　　1：29：300 法則也說明了影響安全因素的複雜性、眾多性，隨著科學技術的發展，設備與裝備日趨複雜，更出現了「效益愈高，風險愈大」的現象，非安全因素的風險性也自然水漲船高。不過，1：29：300 法則的啟示也有另外一面，那就是：如果能夠真正保證了安全，就說明各項工作真做到了家。

　　換句話說，清除風險隱患，必然要求所有細節都盡善盡美、天衣無縫，不僅萬無一失，甚至億無一失。因此，安全完全可以說是一種奇蹟，一種非常了不起的事業，一種完美。完美，是各種工作水準和成果的最高境界，一切工作都應力求完美，遠離平庸。因此唯有仰賴全方位地風險控管機制，才能將災害的發生機率降到最低。

行銷法則

19 250法則

顧客就是上帝，那怕只有一個顧客，都不能得罪

觀念｜認真對待身邊的每一個人，因為每個人的身後都有一個相對穩定、數量不小的群體。

運用｜口碑行銷的關鍵是找到「意見領袖」，他們對新事物接受能力較強，而且社交廣泛。企業只要依據產品市場的具體情況，對這些顧客進行「針對性行銷」。

一個人一生中平均往來的人數大約是250人，所以每認識一個人，就可能有其他250名隱性顧客。

相反的，只要你讓一位顧客不滿意，表示你將會失去250位，或者更多的顧客。

喬·吉拉德

原來剛剛那位客人是賣車的業務，或許下次買車可以聯繫他！

為了認識更多人，吉拉德喜好廣發名片，甚至會把名片夾進付款的帳單中。

230

行銷法則

19 250法則

顧客就是上帝，那怕只有一個顧客，都不能得罪

觀念｜認真對待身邊的每一個人，因為每個人的身後都有一個相對穩定、數量不小的群體。

運用｜口碑行銷的關鍵是找到「意見領袖」，他們對新事物接受能力較強，而且社交廣泛。企業只要依據產品市場的具體情況，對這些顧客進行「針對性行銷」。

　　世界著名推銷大王、生於美國的喬‧吉拉德曾自豪地說過：「『250 法則』的發現，使我成為了世界上最偉大的推銷員。」吉拉德發現「250 法則」純屬偶然。在做汽車推銷員時，吉拉德經常去參加親朋好友舉行的葬禮，時間一久，他觀察到每次參加葬禮的人數都是 250 人左右。職業的敏感性啟發了吉拉德，他發現了一個賺錢的商業定律：「一個人一生中與其往來的大約是 250 人」，進一步的調查結果，證實了吉拉德這種推測基本準確，這 250 人可視為一個平均數字，或者說是一個人一生中最要好朋友的基本數位。

　　基於這個定律，吉拉德對自己的工作進行了分析：假如年初的一個星期中接待了 50 位顧客，其中有 2 人不滿意自己的態度，年終時便有 5,000 個以上的人不滿意自己的態度，從事汽車推銷工作 14 年之後，就有 7 萬人會說：「不要到吉拉德那裡買汽車」。

　　「只要你讓一位顧客不滿意，你將會失去 250 位或者更多的顧客。」吉拉德如是說。流行的鞋帽，無須任何廣告，很快就會風靡全市；在商品緊缺的時期，一個訛傳可以在一天之內刮起強勁的搶購風……，這些現象都是因為親戚、朋友、鄰里間的口傳資訊造成的情勢轉變。

　　日本的經營之神松下幸之助也說過類似的話：「為一個顧客衷心服務，你肯定會獲得 100 個新的顧客。」明白了其中的道理，就更能理解吉拉德「250 法則」的真正內涵：「對任何顧客都必須待之以誠，無論他們買不買你的產品。顧客不僅可以使你失去許多，

也能為你帶來許多。」

　　「250 法則」有力地論證了「顧客就是上帝」的真諦，也讓我們得到啟示：必須認真對待身邊的每一個人，因為每一個人的身後，都有一個相對穩定、數量不小的群體。善待一個人，就像是點亮了一盞燈，可以照亮一大片。

觀念學習

▶ 把名片夾入帳單的自我行銷

　　250 法則的建立者喬‧吉拉德也是全球最受歡迎的演講大師，曾為眾多世界 500 強的企業精英傳授他的寶貴經驗，來自世界各地數百萬的人被他的演講所感動，被他的事蹟所激勵。其一事蹟是，吉拉德把每一個人都看成準顧客，對此，他的作法是積極地向別人遞出自己的名片。

　　名片人人都有，但吉拉德的作法與眾不同：他到處遞送名片，在餐廳用餐付帳時，他會把名片夾在帳單中；在運動場上，他把名片大把大把地拋向空中，名片漫天飛舞，就像雪花飄散在運動場的每一個角落。吉拉德認為，這種作法幫他做成了一筆筆生意，因為每一位業務都應設法讓更多的人知道「他是幹什麼的」「銷售的是什麼商品」，如此，當消費者有需要的時候，就會想起這位業務。

▶ **吉拉德的情感推銷術**

　　這又是一個關於喬‧吉拉德的故事。掌握了「250 法則」的吉拉德，深知顧客就是自己的衣食父母，所以他對所有的顧客都以誠相待，把每一位顧客都當作是自己的朋友甚至親人，有統計顯示，吉拉德在 15 年中賣出 13,001 輛汽車，並創下一年賣出 1,425 輛（平均每天 4 輛）的記錄，這個成績被收入「金氏世界紀錄」。吉拉德每年推銷出去的產品總量比同行高出好多倍，他在透露祕訣時說：「真正的推銷工作開始於商品推銷出去之後，買主還沒走出我們商店的大門，我已經把一封感謝信寫好了，我每個月都要發出數萬張明信片。」

　　購買吉拉德推銷的汽車的顧客，每月都會收到他寄的信，信裝在一個淡雅樸素的信封中，但信封的大小和顏色每次都各不相同。有的顧客在生日前一兩天會收到一份吉拉德寄來的祝賀，驚喜之情可以想見，一位普通的朋友能夠記住他們的生日，使顧客產生了一種充滿人情味的溫暖感，顧客也非常喜歡吉拉德的信件，他們經常回信給吉拉德。

　　吉拉德認為，不能讓信看起來像個郵寄的宣傳品，人們對那種信件已司空見慣，收到後甚至連拆都不拆就扔進垃圾桶去了。「生意好的大飯店是以廚房裡做出來的美味佳餚贏得顧客的，而我推銷的是汽車，一位顧客從我這裡買去一輛汽車時，應當讓他像在大飯店裡，吃得酒足飯飽後，滿意地離開一樣。」吉拉德說。

的確，從喬‧吉拉德那裡買走汽車的顧客，每當車出了毛病，送回來修理時，都會得到他的熱情接待，使汽車得到最好的修理。吉拉德不只考慮推銷多少輛汽車，而是強調每賣一輛汽車，都要做到與顧客推心置腹，並全心全意為顧客著想，他的情感推銷術貫徹始終，這讓他時時收穫著驚喜，得到了豐厚的回報。

▶ 札幌啤酒的朋友推薦套裝

「口碑行銷」仍是結合傳統促銷的組合策略，透過促銷活動，讓口碑行銷的傳遞訊息者主動進入角色，具有見效快、效果顯著的特點。日本札幌啤酒曾發起過一場「將生札幌啤酒推薦給朋友」的口碑行銷活動，藉由募集 1 萬名試飲者，讓他們在試飲生札幌啤酒後填寫朋友訊息卡片，把口感體會和朋友的地址，填寫在朋友訊息卡片上，然後由組織者根據朋友資訊卡把一個「朋友推薦套裝」（含 6 瓶生札幌啤酒和 3 張朋友訊息卡片）寄給試飲者的朋友。

活動結果令人興奮，80% 以上的試飲者透過填寫朋友訊息卡片，向朋友們推薦了生札幌啤酒，由此引起的連鎖反應，共吸引約 65,000 人參與此活動。該場行銷活動達到十分傲人又亮眼的績效。

進階思考

前文提到「只要你讓一位顧客不滿意，你將會失去 250 位或者更多的顧客」，所以「誠實」是推銷的最佳策略，而且是唯一的策略。但絕對的誠實卻是愚蠢的，推銷容許謊言，這就是推銷中的「善意謊言」原則，這段話說得很玄，讓我們來看看喬·吉拉德的解釋。

吉拉德主張「誠為上策」，這是每位推銷員和業務所能遵循的最佳策略，可是策略並非是法律或規定，它只是推銷員和業務在工作中用來追求最大利益的工具，因此，誠實就有一個「程度」的問題。推銷過程中有時需要說實話，一是一，二是二。說實話往往對推銷員有好處，尤其是推銷員所說的，顧客事後可以查證的事，吉拉德說：「任何一個頭腦清醒的人都不會賣給顧客一輛六汽缸的車，而告訴對方他買的車有八個汽缸，顧客只要一掀開車蓋，數數配電線，你就死定了！」

吉拉德也善於把握誠實與奉承的關係，如果顧客和他的太太、兒子一起來看車，吉拉德會對顧客說：「你這個小孩真可愛」，儘管顧客知道吉拉德所說的不盡是真話，但他們還是喜歡聽人拍馬屁，少許幾句讚美，可以使氣氛變得更愉快，沒有敵意，推銷也就更容易成交。

有時，吉拉德甚至還撒一點小謊，他曾看過推銷員因為告訴顧客實話，不肯撒個小謊，平白失去了生意。顧客問推銷員他的舊車

可以折合多少錢，有的推銷員粗魯地說：「這種破車一毛不值。」
但吉拉德絕不會這樣，他會撒個小謊，告訴顧客：「這輛車居然能
開這麼久，可見你真的保養得很棒！」這些話使顧客開心，贏得了
顧客的好感，當然顧客也就不會在價錢上面堅持太多了。

企業應用

　　「250 法則」另一層次的意義，在於反應「口碑行銷」的重
要。口碑行銷在具體的應用上，應注意針對市場環境和產品發展的
階段，結合其他行銷方式進行。其關鍵是要找「準意見領袖」，並
與顧客建立良好的互動合作關係。

▶ 媒體廣告＋口碑行銷

　　儘管口碑行銷有準確性好、說服力強的優點，但在傳播的廣度
上遠遠不及大眾媒體廣告，而且產品銷售初期，意見領袖也需要
透過廣告來了解產品，採取採購行動後再向他人推薦產品或傳遞資
訊。這些資訊經過意見領袖的傳遞，其傳播效果遠遠強過初期廣告
的效果。因此，口碑行銷和大眾媒體廣告不是對立、排斥的，而是
各有所長、互相補充的，兩者有機結合才能相得益彰，發揮整體大
於部分之和的效應。

　　那麼在實際操作中，兩者應該如何結合呢？首先，在產品上市
的最初階段，應以大眾媒體廣告為主，說服意見領袖購買產品，同
時儘量讓更多人了解產品；其次，開發、設計和製作具有較高談論

價值的廣告；第三，運用口碑行銷策略，激勵早期採用者向他人推薦產品，勸服他人購買產品。最後，隨著滿意顧客的增多，會出現更多的義務宣傳員，企業贏得良好的口碑，長遠利益也就得到保證。

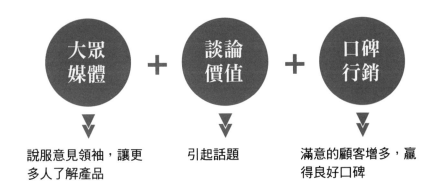

說服意見領袖，讓更多人了解產品　　　　引起話題　　　　滿意的顧客增多，贏得良好口碑

▶ 尋找意見領袖

口碑行銷的關鍵是找到「意見領袖」，意見領袖一般都是某方面的專家，他們熱心主動、關注外部事物，對新事物接受能力較強，而且社交廣泛。企業只要依據產品所處品類市場的具體情況，找出意見領袖，然後對這些顧客進行「針對性行銷」，利用他們的影響力勸服更多的人購買產品。具體的方法有：

一是直接尋找產品專家。比如，運動產品可以選擇體育明星、愛運動的藝人來影響運動群體。

二是直接尋找早期的採用者。這些人大多應是某個群體中具有

很高威信的人，受周圍朋友的擁護和愛戴，正因為如此，他們常常去搜集有關新產品的各種資料資訊，成為某個領域的意見領袖。

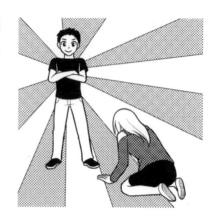

三是利用與產品相關的社會團體。例如，在新書上市的時候，出版商可以向大學和中小學裡的讀書俱樂部成員贈送新書，透過他們的口碑資訊推廣新書。此外還可誘導意見領袖主動顯現出來，比如新款汽車試駕、免費接送參觀房屋、新產品免費試用等等。

▶ **塑造顧客忠誠度**

與企業長期保持良好關係的顧客是企業最好的資訊傳播者，長期穩定的關係意味著高度的顧客忠誠，忠誠來自於高度的滿意，而高度的滿意則預示著更多的正面口碑資訊。相反的，如果沒有顧客滿意，就只有負面的口碑資訊。銷售人員在銷售過程中，如果和顧客能建立起很好的私人關係，顧客的忠誠度一般都會很高，出於朋友之情也樂於傳播有利於該公司的產品資訊。

新產品上市時，企業可以向意見領袖寄去樣品或資料，讓他們率先獲取產品資訊或直接體驗產品，激勵口碑資訊的傳播。而根據傳播動機來激勵消費者傳播資訊，也是口碑行銷的重要立足點，但前提是必須提供讓消費者滿意的產品，這包括價格、品質、售後服

務等因素。唯有如此，一切激勵措施才能帶來正面的口碑效應。

有時候，人們有推薦所購產品或訴說購物經歷的願望，但卻沒有合適的傾訴物件，從而阻礙了資訊的傳播，這時廠商應該積極為消費者提供一個交流產品資訊的場所。比如設立線上論壇就是個好辦法，消費者可以在上面暢所欲言，讓更多的人分享自己的資訊和觀點，企業也可以從中獲取一些消費者的想法和需求，從而改進自己的工作。

▶ 防止負面口碑傳播

企業在負面口碑傳播的開始，便立即反應是必要的，因為一旦形成負面口碑，就會迅速地傳開，破壞企業形象，損害企業長遠利益。要想防患於未然，首先要提供讓消費者滿意的產品；第二，提供便利的投訴管道，降低投訴障礙對於減少負面口碑傳播的影響非常重要。因為一旦投訴比較容易，消費者往往會透過正式的管道來發洩心中的不滿，而不必或者較少藉由非正式管道傳播不利於公司的資訊。當然，如果投訴得不到妥善的解決，那麼負面口碑的影響會愈加嚴重；第三，滿意的補救措施會帶來更多的正面口碑傳播，相反的，不滿的補救會帶來更多的負面口碑傳播。

實施補救措施只有一條原則：讓消費者滿意。讓消費者滿意的關鍵是，補償帶給消費者的價錢要大於或等於消費者的損失，這個損失不僅包括消費者購買產品損失，還要包括消費者為此所承擔的心理壓力和投訴花費。這一點是大部分國內企業需要注意的，因為

長久以來，企業認為只要將產品賣出去就好，於是在銷售時向消費者做出各種承諾，以為賣出商品就等於萬事大吉，銷售過程結束。當產品出現問題時，根本不予理睬，儘量逃避責任。這種短視行為必然會帶來負面口碑資訊的惡化，損害企業的長遠利益，阻礙企業的發展，實不足取，也是口碑行銷的最大忌諱。

個人實踐

　　喬‧吉拉德的作法可供想要從事推銷業務的你，好好模仿學習一番。吉拉德說：「不論你推銷的是任何東西，最有效的辦法就是讓顧客相信，真心相信，你喜歡他，關心他」，吉拉德也中肯地指出：「如果你想要把東西賣給某人，就應該盡自己的力量去收集他與你生意有關的情報，不論你推銷的是什麼東西。如果你每天肯花一點時間來了解自己的顧客，做好準備，鋪平道路，那你就不愁沒有自己的顧客」。也就是說，如果顧客對你抱有好感，那你成交的希望就增加一點了，但要使顧客相信你喜歡他、關心他，那你就必

須了解顧客，搜集顧客的各種有關資料。

剛開始工作時，吉拉德把搜集到的顧客資料寫在紙上，塞進抽屜。後來，有幾次因為缺乏整理而忘記追蹤某一位準顧客，他開始意識到自己動手建立顧客檔案的重要性。他去到文具店買了日記本和一個小小的卡片檔案夾，把原來寫在紙片上的資料全部做成記錄，建立起了他的顧客檔案。吉拉德認為，推銷員應該像一台機器，具有答錄機和電腦的功能，在和顧客的交往過程中，將顧客所說的有用情況都記錄下來，從中把握一些有用的材料。

「在建立自己的卡片檔案時，你要記下有關顧客和潛在顧客的所有資料，他們的孩子、嗜好、學歷、職務、成就、旅行過的地方、年齡、文化背景及其它任何與他們有關的事情，這些都是有用的推銷情報。所有這些資料都可以幫助你接近顧客，使你能夠有效地和顧客討論問題，談論他們自己感興趣的話題，有了這些材料，你將會知道他們喜歡什麼，不喜歡什麼，你可以讓他們高談闊論，興高采烈，手舞足蹈……，只要你有辦法使顧客心情舒暢，他們不會讓你大失所望。」吉拉德強調。

喬‧吉拉德的獨門撇步你都牢記在心了嗎，快點將這些方法套用在你的客人身上吧！

行銷小學堂

　　「250 法則」代表的口碑行銷作為一種新型的市場行銷策略，同傳統價格策略、促銷策略和通路策略一樣，都是針對具體的市場情況而採取的創新策略。任何一種傳統的行銷策略在被廣泛而高頻率地採用後，消費者對其敏感度會逐漸降低，相對應消費者的作用就會愈來愈小。

　　另一方面，資訊時代的到來，消費者的消費心理與消費行為的變化，都對傳統行銷策略提出了挑戰，口碑行銷對消費者勸服的高效性和投入的低成本，正好迎合了新時代的要求，也是企業或個人想要長久經營下去的重要方法。

自我練習

手上正有新品牌推出或是新產品準備上市嗎？以低成本的口碑行銷作為主要宣傳任務，尋找出你的意見領袖，為其做出一系列的體驗規劃，並開闢提供消費者能暢所欲言的線上論壇。

行銷法則

20 3+2 法則

行銷要成功，必須定位清楚，並與企業發展一致

觀念｜「市場定位」實際上是一種心理效應，並不是你對一件產品本身做些什麼，而是你在潛在消費者的心目中做些什麼。

運用｜想找對市場定位，就要先做市場調查，了解消費動向，發現潛在市場。

管理專家們把完整的企業定位系統總結為「3＋2法則」，這裡的「3」是指市場定位、產品定位和品牌定位，「2」是指企業3個層次的定位必須以企業文化和企業發展戰略為基礎。

・市場定位
・產品定位
・品牌定位

3 + 2

・企業文化
・企業發展戰略

觀念學習

▶ 因地制宜調整市場定位的宜家

在歐美等發達國家，宜家（IKEA）把自己定位在大眾化的家居用品提供商。因為其物美價廉、款式新、服務好等特點，受到廣大中低收入家庭的歡迎。但到了中國之後，它的市場定位做了相當程度的調整，因為中國市場雖然廣泛，但普遍消費水準低，原有的低價傢俱生產廠家原本就競爭激烈，市場接近飽和，而國外高價傢俱也乏人問津。

於是宜家把目光投向了大城市中相對比較富裕的階層，宜家在中國的市場定位是「想買高檔貨，而又付不起高價的白領」，這種定位是十分巧妙準確的，獲得了比較好的效果，原因在於：

◆ 宜家作為全球品牌滿足了中國白領族群的心理；

◆ 宜家賣場的各個角落和經營理念上都充斥異國文化；

◆ 宜家家具有顧客自己拼裝（DIY）、免費贈送大本宣傳刊
物、自由選購等特點。

以上這些已經吸引了不少知識份子、白領階層的關注，加上出
色的產品品質，讓宜家在吸引更多新顧客的同時，穩定了自己固定
的回頭客群體。宜家的產品定位及品牌推廣在中國如此成功，以至
於很多中國白領們把「吃麥當勞的漢堡，喝星巴克的咖啡，用宜家
的傢俱」視為一種生活風尚。

▶ 迅速反應市場風潮的 Swatch 手錶

瑞士手錶一向以高品質、高檔次、高價位著稱，如勞力士一直
占據高級手錶市場，然而，隨著消費者對手錶要求的改變，受日本
和香港等廠商出產的中低價位，但式樣新穎的手錶衝擊，定位於技
術複雜、品質優異的瑞士手錶，其銷售狀況逐漸走下坡，失去了往
日風光。

1981 年，瑞士最大的手錶公司 Swatch 子公司 ETA 開始一項新
計畫，推出了著名的 Swatch 手錶，並迅速風靡全球手錶市場。該手
錶不是以高品質、高價位定位，而是以款式新穎和低價位，但不失
高格調定位；價格從 40 美元到 100 美元不等，它主要作為時裝錶來
吸引活躍追求潮流的年輕人。Swatch 每年都要不斷推出新式手錶，
以至於人們都焦急地期待新產品的出現，並將之作為收藏品。

在低價位的基礎上，Swatch 是如何保持它的高格調形象呢？答案乃是：全憑銷售管道和限量生產。在美國，Swatch 手錶最初選在珠寶店和時裝店銷售，現在則在精品店也有銷售，但不進入批發市場。它在幾家大型百貨商店中開設了專櫃，以增加輔助品的銷售，如太陽眼鏡、眼鏡盒等，讓顧客在整個 Swatch 氛圍中欣賞公司的產品設計。

Swatch 手錶雖然每年推出新款式，但每種款式在推出 5 個月後即停止生產，因而即使是最便宜的手錶都有收藏價值，獲得了「現代古董」的美稱。藉由高貴的名店銷售價格便宜的商品，它帶給顧客的感覺就變成了「物美價廉」，Swatch 之所以能為瑞士錶奪回江山，最重要的可說是此一「物美價廉」定位策略的成功，可見在外界環境發生變化之後，企業定位也應隨之調整。

▶ 重新定位使萬寶路香煙柳暗花明

成立於 1924 年的美國菲力浦莫里斯公司，當年生產的萬寶路（Marlboro）香煙，根據其配方和口味特點，作為女士專用香煙推向市場，費了不少功夫，銷售卻未打開，至四〇年代初，曾一度被迫停產。二戰後，美國經濟出現繁榮，吸煙人數不斷上升，該公司認為良機已到，把萬寶路香煙裝上剛剛面世的過濾嘴，重新向女子市場推出，結局仍不佳。眼見萬寶路香煙，依然不受市場歡迎，一籌莫展的菲力浦莫利斯公司只得向芝加哥的利奧伯內特廣告公司求助，希望能找到解救良策。

利奧伯內特公司經過周密的市場調查，提出徹底改變萬寶路的品牌形象，洗盡脂粉，賦予男子漢氣慨，使之成為男人所喜愛的香煙，該公司接受建議，積極實施，1954 年新的萬寶路誕生，配方依舊，包裝採用當時首創的平開式盒蓋，並使用象徵力量的紅色作煙盒的主色，在廣告宣傳上改由馬車夫、潛水夫、農夫、牛仔等人物，來強調香煙的男子漢氣慨。

最後定調用牛仔形象宣傳萬寶路香煙，投放市場後，一年的銷售量提高了三倍，使其從默默無聞的品牌，一躍成為美國銷量最大的十種香煙之一，1968 年成為美國第二大煙品牌，1975 年的銷量更躍居世界第一。

行銷思考

市場定位並不是你對一件產品本身做些什麼，而是你在潛在消費者的心目中做些什麼。也就是說，你得給產品在潛在消費者的心目中確定一個適當的位置，如品質超群、新穎別緻、高級品牌、方便實用等等。市場定位實際上是一種「心理效應」，它產生的結果是潛在消費者對一種產品的認識。能否準確定位，對企業的發展至關重要，很多企業從定位中得到了意想不到的收穫。

▶ 市場定位是基礎

任何一家企業要想生存、發展、壯大，都必須找對自己的市場定位，否則將會喪失生存區域，直至失去生存的權利。找準市場定位，有利於避開競爭，甚至能變競爭為合作，還有利於化解市場風險。需要特別指出的是，要想找對市場定位，就要先做市場調查，了解消費動向，發現潛在市場。

▶ 產品定位是關鍵

在當前市場中，有很多人對產品定位與市場定位不加區別，認為兩者是同一個概念，其實兩者還是有一定區別的。具體說來，市場定位是指企業對目標消費者或目標消費者市場的選擇；產品定位，是指企業用什麼樣的產品滿足目標消費者或目標消費市場的需求。

從理論上講，應該先進行市場定位，然後才進行產品定位。產品定位是對目標市場的選擇與企業產品結合的過程，也是將市場定位企業化、產品化的工作。

▶ 品牌定位是策略

傳統的行銷理論認為，單一品牌延伸策略便於企業形象的統一，減少行銷成本，易於被顧客接受。但從另一個角度來看，單一品牌並非萬全之策。因為一種品牌樹立之後，容易在消費者當中形成固定的印象，產生心理定勢，不利於產品的延伸，尤其對橫跨多種行業、擁有多種產品的企業，更是如此。

要做好多品牌策略，還需要在經營實踐中趨利除弊，企業也要有相應的實力。品牌的延伸絕非朝夕之功，從市場調查到產品推出，再到廣告宣傳，每一項工作都要耗費企業大量的人力物力，這對一些在市場上立足未穩的企業來講，無疑是一個很大的考驗，運用多品牌策略一定要慎之又慎。

▶ 企業文化是內功

企業文化對於企業發展的重要性，大家都有所了解，那麼企業該如何構建自己的文化呢？企業文化就像武俠小說中那些大俠練的內功，其實是有一定的模式可以遵循的，企業管理者應根據自己所在企業的特點和環

境，發展自己獨特的企業文化。

▶ **戰略定位是方向**

企業戰略是企業成長的路徑，企業戰略定位是企業戰略的原點，它是對企業未來發展方向的描述和構想，只有戰略明確了，企業才能夠真正走得遠、走得穩。在企業動態的經營環境中，「戰略管理」漸成時尚，企業戰略管理強調企業戰略定位與企業營運系統效益的統一，它被認作是現代企業成功的普遍之道。

企業戰略定位包括「戰略定位」和「營運系統」設計，它為企業戰略管理提供了目標和路徑，目的是為企業的戰略管理提供一個新的視角，以期在激烈的競爭環境中，將企業戰略有效地轉換為「企業價值」。

企業應用

企業在進行市場定位時，應經常考慮到公司的實際情況和競爭對手的優勢、劣勢，以及消費者的需求。企業在市場定位時，應盡可能避免犯下以下兩種主要錯誤：一是過低定位，這會讓企業失去競爭優勢和市場機會；二是過高定位，這容易導致傳遞給消費者的

形象過窄。企業必須高度重視市場定位，一旦脫離實際的定位，將會使企業陷入自身也無法控制的局面。

市場定位是如此重要，以至於沒有商家敢在沒有做出準確定位的時候，採取行銷活動。不同的人群對於商品的承受能力不盡相同，比如電腦，對於商務人士來說，價格可能不是太重要，他們更注重電腦的快捷和售後服務的品質；愛玩遊戲的年輕人可能聚焦於電腦對於各種遊戲的相容性，價錢同時也是他們關注的焦點，所以對電腦產品來說，用同樣的價格對待所有的客戶，難免會失去一部分顧客。

因此，企業在市場定位時可以採取以下三種定位方法：

一、避強定位：此是指企業在定位時，回避與目標市場上的競爭者的直接對抗，目的是為了迅速地在目標市場上站穩腳跟，並且在消費者心目中樹立一種形象。由於企業定位在市場的空白點，不至於一開始就成為競爭對手的眾矢之的，因此採用這種方法的市場風險比較小，成功率較高，是企業定位的一種常用方法。

二、對峙定位：企業一開始就與市場上有實力的競爭對手進行針鋒相對的定位，目的在於爭奪顧客，提高市場占有率。由於這種方法直接影響到競爭對手的切身利益，因而可能引起對手的反擊。採用對峙定位市場風險很大，企業必須冷靜地估計自己的實力，否則將遭遇危險，甚至會受到致命打擊。

　　三、重新定位：此是指企業對出現偏差的市場定位進行二次定位。由於市場狀況不是一成不變的，因此，企業的市場定位也不能僵化，必須動態地適應市場的變化。市場的重新定位對於企業更好地適應市場環境、調整市場行銷戰略是必不可少的。重新定位，是任何一家企業在市場定位中經常採用的策略，準確的市場定位，有助於提高企業行銷活動的效率和效益，有助於樹立企業的形象，同時也有助於突出自身產品的競爭優勢。

個人實踐

　　市場定位在行銷中占有舉足輕重的地位，它往往是產品行銷的第一步，在如今的商業市場中，可以說，沒有市場定位，就沒有行銷，市場定位之於行銷，就像是水之源、木之本。它在行銷中的必要性主要體現在三個方面：

　　第一，如今人們購買和消費的習性愈來愈注重「個性化」，從而對產品的需求存在很大的差異性，因此，任何一家企業由於受資源和資金的限制，都不可能滿足所有購買者的需要，而只能滿足某一部分消費者的需求。因此，企業首先必須確定為哪一部分的人服務，也就是說，要確定具體的服務物件。

　　如果企業的服務物件選擇不當，那麼企業的產品策略、定價策略、分銷策略、促銷策略等，制定得再科學，也難以取得行銷的成功。不要企圖用一件產品滿足所有消費者的需求，這樣的定位等於

是沒有定位；沒有定位，任何行銷策略也都成了無本之木。

第二，人的欲望是無止境的，需求是多樣的，因此任何企業包括規模最大的企業，也不可能滿足購買者的全部需要，而只能滿足其一部分需要。為此，企業必須確定滿足人們的何種需要。

也就是說，要確定企業的事業領域，例如人們一提起「一次成像」攝影技術時，便立即想到拍立得公司；當人們談起影印機時，就會想到全錄公司；當人們談到大型電腦時，毫無疑問想到的是IBM公司；談到飛機，立即想到波音公司。如果企業對自己的經營領域定位過窄或過寬，不僅會對企業的經營發展造成負面影響，也會帶給人們的認識造成混亂。特別在多元化的決策中，市場定位尤其顯得重要，甚至與企業的存亡休戚相關。

第三，任何企業都有自己的長處和短處、優勢和劣勢，準確的市場定位有助於企業揚長避短、發揮優勢，從而在競爭中取勝，如果沒有明確的定位，識別優勢與劣勢，在市場上盲目出擊，極有可能導致行銷失敗。

總之，市場定位是整個行銷工作的第一步。它是「綱」，定位準確才能「綱舉目張」；它是「槓桿」，定位準確才能「事半功倍」。

行銷小學堂

　　一般來說，市場定位分三步走：識別競爭優勢、選擇競爭優勢和宣傳市場定位。

　　一、識別競爭優勢：要贏得消費者，就必須比競爭者更好地滿足消費者的需求，也就是說比競爭者有更多的競爭優勢。識別競爭優勢，是企業市場定位的關鍵。一般情況下，企業競爭優勢有以下三個方面：

　　（1）價格優勢，即企業藉由降低產品的成本，使自己的產品在同等條件下的價格低於競爭者。

　　（2）產品特色優勢，即企業依賴於產品的特色滿足消費者的需求，使消費者對此產品產生偏好，進而成為企業產品的忠誠消費者。

　　（3）企業的競爭優勢還有可能來源於企業的人員、服務、形象等方面。

　　二、選擇競爭優勢：企業在識別自身的競爭優勢之後，就直接面臨著一個優勢取捨的問題。因為並不是每一種優勢都有意義和價值，企業必須結合實際進行選擇，在財務狀況、生產能力、行銷管道、產品特色、技術開發等各個方面進行權衡，注重優勢的重要性、專有性、優越性和可盈利性，慎重而又準確地選擇相對競爭優勢。

　　三、宣傳市場定位：一旦選擇好競爭優勢，企業便必須利用一系列的宣傳手段，把市場定位傳達給消費者，讓消費者知道、了解、熟悉、認可企業的市場定位，從而在消費者心目中留下深刻的印象。

國家圖書館出版品預行編目（CIP）資料

圖解大人的行銷學：高強度、超精準、各
界通用的20行銷法則 / 師瑞德著. -- 初版.
-- 臺北市：易富文化, 2019.07
　面；　公分
ISBN 978-986-407-121-0（平裝）
1.行銷學
496　　　　　　　　　　108006863

書名 / 圖解大人的行銷學：高強度、超精準、各界通用的20行銷法則
作者 / 師瑞德
插畫 / 王湘婷 Debbie Wang
發行人 / 蔣敬祖
出版事業群總經理 / 廖晏婕
銷售暨流通事業群總經理 / 施宏
總編輯 / 劉俐伶
特約編輯 / 陳佩宜
視覺指導 / 姜孟傑、鍾維恩
封面設計 / 阿作
排版 / Joan Cheng
法律顧問 / 北辰著作權事務所蕭雄淋律師
印製 / 金濱印刷事業有限公司
初版 / 2019年7月
出版 / 我識出版教育集團──易富文化有限公司
電話 / (02) 2345-7222
傳真 / (02) 2345-5758
地址 / 台北市忠孝東路五段372巷27弄78之1號1樓
網址 / www.17buy.com.tw
E-mail / iam.group@17buy.com.tw
定價 / 新台幣 299 元 / 港幣 100 元
facebook 網址 / www.facebook.com/ImPublishing

總經銷 / 我識出版社有限公司出版發行部
地址 / 新北市汐止區新台五路一段114號12樓
電話 / (02) 2696-1357 傳真 / (02) 2696-1359

地區經銷 / 易可數位行銷股份有限公司
地址 / 新北市新店區寶橋路235巷6弄3號5樓

港澳總經銷 / 和平圖書有限公司
地址 / 香港柴灣嘉業街12號百樂門大廈17樓
電話 / (852) 2804-6687 傳真 / (852) 2804-6409

2011 不求人文化

2009 懶鬼子英日語

I'm Publishing Group
www.17buy.com.tw

2005 意識文化

2005 易富文化

2003 我識地球村

2001 我識出版社

2011 不求人文化

2009 懶鬼子英日語

I'm 我識出版集團
I'm Publishing Group
www.17buy.com.tw

2005 意識文化

2005 易富文化

2003 我識地球村

2001 我識出版社